Responsive Teaching for Students'
argumentation in Science Classroom

과학 논변활동을 위한 반응적 교수

김희백 · 하희수 · 이영미 · 이신영 지음

북스힐

머리말

● 과학교육에서는 학생들이 과학 학습 공동체의 구성원으로서 과학자 공동체에서 이루어지는 것과 같은 실행에 참여하기를 기대해왔다. 그리고 과학자 공동체의 지식 구성 과정을 잘 반영하고 있는 논변활동이나 과학 모형 구성 활동을 과학 수업에 도입하고, 학생들이 적극적으로 참여하도록 요구해왔다. 또한 이러한 과학 수업에서 학생들이 지식을 구성하는 주체로서 그 역할을 할 수 있도록 지원하기 위한 다양한 탐구 활동과 교수법이 등장했다.

그러나 교사들이 이러한 교수·학습 과정에서조차 수업 활동의 절차를 수행하는 것에만 치중함으로써 학생들의 인식적 실행을 제대로 지원하지 못한다는 비판이 제기되었다. 이때 대표적으로 거론되는 점은 교사와 학생 사이의 상호작용이 '교사의 질문(Initiation)-학생들의 단답형 응답(Response)-응답에 대한 평가(Evaluation)'로 이어지는 IRE 패턴으로, 학생들은 여전히 교사가 전달해주는 지식을 받아들이는 인식적 과정을 반복하고 있다는 점이다. 이는 다양한 탐구 활동을 수업에 도입하여 수행 절차만을 변화시킬 것이 아니라 학생들이 수업의 중심에 위치할 수 있게 지원하는 상호작용을 고려한 교수법의 등장을 절실히 촉구한다. 반응적 교수법(responsive teaching)은 바로 이러한 요구에 부응하는 교수법이다. 반응적 교수법은 학생들의 생각을 수업의 중심에 두고 학생과 교사가 주고받는 언어적 상호작용의 변화를 이끌어내고자 한다. 다시 말해서 교사가 학생과의 대화에서 학생들의 반응에 주목하고, 무슨 생각을 갖고 그러한 응답을 하였는지를 이해하자는 교수 방법이다.

교사가 대화의 중심에 위치하는 교수 방식에서 벗어나 반응적 교수법으로 나아가기 위해서는 학생의 사고를 바라보는 관점이 전환되어야 한다. IRE 패턴으로 대표되는 전통적인 수업을 보면, 교사는 학생의 응답을 듣고 과학 지식과의 부합 여부에 따라 평가하고, 학생들은 탐구 활동 절차에 따라 실행을 진행한다. 여기서는 학생들이 수업에 참여하기 전에 소유한 생각이 가치 있게 여겨지는 것이 아니라 '잘못된 것' 혹은 '과학 지식으로 대체해야 할 것'으로 여겨진다. 하지만 반응적 교수법은 학생들의 기존 생각이 과학 지식이나 과학 공동체의 실행으로 이어질 수 있는 잠재력을 갖고 있다고 본다는 점에서 전통적인 교수 방법 관점과 대조된다. 반응적 교수법은 한 번의 질문과 응답만으로 다양한 학생들의 생각이 과학 지식 구성에 활용되지 못할 수 있다고 보며, 학생들이 제시한 생각이 다른 맥락에서는 유용하게 쓰일 수 있으나 지금 당장의 수업에서는 적합하지 않을 수도 있다고 보는 관점을 강조한다. 따라서 이 수업에서 학생들이 적합한 아이디어를 바탕으로 지식을 구성해나가기 위해서는 교사가 그 상황에 적절한 교수·학습 맥락을 조성해주는 것이 필수적이라고 본다.

과학 공동체의 실행을 반영하여 다양한 과학 탐구 활동이 고안되었는데, 우리는 그 중에서도 논변활동을 위한 반응적 교수법을 다루었다. 논변활동은 과학 공동체가 함께 지식을 구성하는 과정에서 증거에 기반을 두고 논리적으로 지식 주장을 정당화하고 반박하는 비판적인 상호작용이다. 과학 개념을 강조한 기존의 과학 수업과 달리 논변활동은 학생들이 과학 지식의 구성 과정을 경험할 수 있는 교수·학습 방식으로서 주목받고 있다. 학생들은 기존 지식을 바탕으로 새로운 지식을 구성하는 과정에서 증거를 사용하여 지식 주장을 정당화하고 논박하는 기회를 갖게 되는 것이다. 이에 우리는 논변활동에서 학생들이 자신의 생각을 바탕으로 타당한 지식 주장을 구성할 수 있도록 지원하는 방법으로써 반응적 교수법을 제안하고자 한다.

이 책은 다음과 같이 전개된다. 먼저 이 책의 첫 장에서는 반응적 교수법을 도입하기에 앞서 논변활동이 무엇인지를 소개하고자 한다. 그 다음으로 두 번째 장에서는 논변활동을 과학 수업에 도입하기 위해 수업 설계에서 고려해야 하는 사항들을 살펴볼 것이다. 세 번째 장에서는 반응적 교수법이 학생들의 사고에 주목한다는 관점을 구체적으로 설명하고자 한다. 그리고 네 번째 장에서는 이러한 관점에 기반을 둔 반응적 교수법을 과학적 논변활동에 어떻게 적용할 수 있는지를 소개하고자 한다. 논의가 단순히 이론에만 그치지 않도록 반응적 교수법을 논변활동에 도입한 실제 사례를 소개하며 내용을 전개할 것이다. 본문에서 설명하는 사례에 대한 이해를 돕고 이를 교실에 적용할 수 있도록 돕기 위해 부록을 더하였다. 부록은 크게 두 부분으로 구성된다. 첫 부분에서는 본문에서 예로 제시한 논변활동의 개요를 보여주는 학생용 활동지를 실었다. 두 번째 부분에서는 네 번째 장에서 활용할 수 있는 교사용 자료를 실었다. 이를 통해 교사의 반응적 교수에 의한 학생들의 반응들을 탐색하는 기회를 가질 수 있게 도와, 과학 논변 수업에 반응적 교수법이 적용될 수 있는 가능성을 높이고자 한다.

차 례

01 장

과학 공동체의 인식적 실행과 논변활동

논변활동1*은 과학자들이 과학 지식을 구성하면서 나타나는 인식적 실행 과정으로써 과학교육에서 매우 중요한 위치를 차지해왔다(Yilmaz et al., 2017). 여러 나라가 국가 수준 교육과정에서 학생들의 논변 구성 역량을 신장시킬 것을 과학교육의 주요 목표로 제시하고 있으며, 과학 교수학습 과정에서 학생들이 직접 논변활동에 참여해볼 것을 제시하고 있다(e.g., 교육부, 2015; NGSS Leads States, 2013; NRC, 2012). 이번 장에서는 먼저 과학 공동체에서 나타나는 논변활동 사례를 살펴봄으로써 논변활동이란 무엇인지를 이해하고, 그 후에 과학교육에서는 이를 어떻게 강조하고 있는지 살펴보도록 하겠다.

1.1 과학 공동체의 논변활동 사례

과학자들은 기존 과학 지식을 바탕으로 자연 현상에 관한 자료를 분석하여 새로운 지

1* 'argument'는 '논변', '논증', '논의'로, 'argumentation'은 '논변활동', '논증활동', '논의과정'이라는 용어로 번역되어 사용되고 있다(강남화와 이은경, 2013). '논증'과 '논변'은 각각 "옳고 그름을 이유나 근거를 들어 밝히는 것"과 "어떤 문제에 대해 서로 의견을 내어 토의하는 것"으로 서로 유사한 사전적 정의를 갖고 있어서, 과학교육 분야 내 'argument'에 대한 연구에서는 '논증'이나 '논변'이라는 용어를 혼용해서 사용하고 있다(강남화와 이은경, 2013). 하지만 민병곤(2000)은 논증은 객관적 사실에 대한 증명이라는 의미가 강하고, 논변은 청자와 화자, 필자와 독자 간의 역동적 상호작용을 드러낼 수 있다고 하였다(김희경과 송진웅, 2004). 이 책에서는 학생들의 지식 주장과 이에 대한 정당화가 학생들 사이의 역동적인 언어적 상호작용을 통해 나타난다는 점을 중시하여 'argument'와 'argumentation'을 각각 '논변'과 '논변활동'이라고 지칭하였다.

식 주장을 고안하고, 과학 공동체에서 인정받을 수 있도록 그 지식 주장을 정당화한다. 이번 절에서는 복제양 돌리를 연구한 사례를 통해 과학에서의 논변활동이 어떻게 이루어지는지 간단히 살펴보자(Wilmut et al., 1997).

돌리<그림 1.1>는 성체로 성장한 포유동물의 세포핵을 난자에 이식하여 복제에 성공한 첫 사례로, 생명과학과 기술의 발전을 논할 때 대표적으로 언급되는 연구이다. 성체 조직에서 얻은 핵을 핵이 제거된 난자에 이식하여 핵을 제공한 성체와 동일한 유전자를 갖는 새로운 복제 생물을 탄생시킨 것이다<그림 1.2>.

과학자 공동체는 이와 같은 생물 복제 연구를 끊임없이 시도해왔으며, 이 연구에 앞서 양서류를 가지고 그 성체 조직에서 핵을 얻어 복제 생물을 만드는 연구가 있었다. 그러나 양서류에서 조차도 올챙이 단계까지 발생을 진행시키는 데에 성공했을 뿐이며, 성체인 개구리 복제에는 이르지 못했다. 이에 비해 포유류에서는 Wilmut과 그의 동료들(1977)이 배아줄기세포로부터 성체인 양을 탄생시키는 괄목할만한 성과를 거둔 바 있었으며, 여기서 더 나아가 성체 조직에서 얻은 핵을 활용하여 복제에 성공하고자 노력하였다. 과학자들은 이러한 연구들을 진행하면서 실험 결과를 과학자 공동체에 보고하고 비판적 논의에 참여하였다. 복제양 돌리 또한 그 실험 과정의 타당성과 성공 여부를 동료 과학자들에게 검토 받는 과정에서 비판에 대해 추가 증거 제시 등을 함으로써 공동체의 지식으로 인정받은 사례이다.

| 그림 1.1 | 대표적인 포유동물의 복제 사례인 돌리(Richardson, 2016)

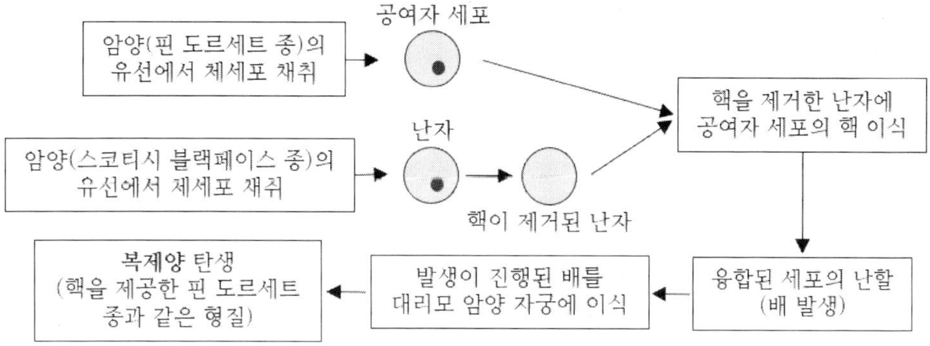

| 그림 1.2 | 복제양의 탄생 과정

복제양 돌리는 Wilmut과 그의 동료들(1997)이 태아와 성장한 양의 조직에서 얻은 세포(공여자 세포)로부터 핵을 얻어 난자(수여자 세포)에 넣음으로써 탄생했다. 그 실험 과정2*을 간략히 요약한 내용이 그림 1.2에 제시되어 있다. 연구진은 임신 후기 암양의 유선 세포를 핀 도르세트(Finn Dorset) 종에서 가져오고, 핵을 치환시킬 난자는 스코티시 블랙페이스(Scottish Blackface) 종의 암양에게서 채취하였다. 그리고 난자의 핵을 제거한 후에 공여자 세포의 핵을 이 난자에 치환해 넣었다. 이때 277개의 세포에 핵 치환이 이루어졌는데, 그 중 임신과 출산에 성공한 경우는 단 한 마리였고, 이것이 바로 돌리이다.

연구진은 연구 결과를 발표하면서 돌리가 공여자 세포로부터 복제된 것임을 검증하는 데이터를 제공할 필요가 있었다. 이들은 복제양 돌리가 핵을 제공한 핀 도르세트 종의 형질을 보임을 확인하였고, 고 변이성 유전자 마커(microsatellite DNA)3* 4개를 이용해서 그 유전자형 역시 공여자 세포와 일치한다는 결과를 함께 발표하였다.

Wilmut과 그의 동료들(1997)이 이러한 연구 결과를 발표하자, Sgaramella와 그의 동료

2* 실험 과정에서는 성체에서 얻은 세포 외에도 9일된 배아의 세포를 폴 도르세트(Poll Dorset) 종에서, 수정 후 26일된 조직의 세포를 블랙 웨일즈 산양(Black Welsh mountain ship)에서 채취하고, 이들도 공여자 세포로 사용하였다. 9일된 배아의 세포로부터는 385개, 26일된 태아 세포로부터는 172개가 핵 치환을 하는데 사용되었는데, 그 중 임신에 성공한 경우는 각각 15건, 5건이었고, 그 중 각각 4마리와 3마리가 출산으로 이어지는데 성공하였다.

3* 고 변이성 유전자 마커(microsatellite DNA)는 특정 DNA 염기 서열이 5~50번 정도 반복되는 부분을 일컫는다. 이러한 염기 서열은 개체마다 유전체 내에 다양하게 분포하는데, 그 패턴이 무작위적이지 않아 사람이나 동물에서 친자 확인, 유연관계, 복제 여부 등을 확인하는 데에 이용된다.

들(1998)은 그 실험 절차에 있어 다음과 같은 점에서 비판점을 제시하며 돌리가 복제된 양이 맞는다는 것을 더 명확히 밝힐 수 있는 추가 검증을 요청하였다. 첫째, 돌리는 몇 백 번의 시도 중 성공한 단 한 사례라는 점이다. 즉, 몇 백 번의 시도 중 수많은 오류가 포함되어 우연히 일어났을 가능성이 있는데, 그렇지 않다는 것을 어떻게 보장할 수 있는지에 대해 의문을 제기하였다. 둘째, 채취한 유선 세포에 줄기세포가 있었을 가능성에 대해 의문을 제기하면서, 그 유선 세포를 채취한 조건에 대해 더 자세히 기술해줄 것을 요청했다. 셋째, 임신 중인 공여자 암양의 유전자만을 복제양 유전자와 비교했다는 문제를 제기하면서, 이 암양이 어떻게 임신된 것인지, 핀 도르세트 종을 임신시킨 숫양의 유전자형과 임신된 새끼 양의 유전자형에 대한 분석은 왜 생략한 것인지 물었다. 이밖에도 실험에서 고변이성 유전자 마커로 4개를 사용한 것이 충분한지, 돌리의 미토콘드리아 DNA[4*]는 왜 분석하지 않은 것인지에 대해서도 의문점을 제기하였다.

복제양 돌리를 보고한 연구진은 이러한 비판점들에 대해 다음과 같이 자신들의 실험 결과에 대한 보충 설명을 제공하며 답했다(Sgaramella et al., 1998). 먼저 첫 번째 비판점에 대해서는, 실험이 비효율적이었다는 점에 대해서는 인정하지만 실험 환경에서 핵 제공자인 유선 세포와 돌리를 제외하고는 어디에서도 Finn Dorset 종에 해당하는 양은 없었다고 답했다. 두 번째 비판에 대해서는 유선 세포가 세포주(cell line)에서 유래한 것이기에 그 안에 줄기세포가 있을 가능성이 극히 희소하다고 다시 반박하였다. 세 번째 비판과 관련하여 공여자 암양의 임신 과정은 다른 기관과의 협업 속에서 이루어진 것으로 앞서 요청한 유전자형에 대한 데이터는 수집되지 않았다고 하였다. 또한 고변이성 유전자 마커를 4개 활용하는 것이 돌리가 공여자 세포로부터 유래함을 보이기에 충분하다고 반박하였다. 그리고 미토콘드리아 DNA에 대한 검토 결과는 추후 분석하여 학계에 보고할 것이라고 답변하였다.

연구진이 과학자 공동체에게 돌리의 탄생을 통해 포유류에서 성체의 핵을 이식해서 복제가능하다는 점을 입증하기까지의 과정을 되돌아보자. 연구진이 복제양 돌리의 탄생이라는 실험 결과를 알리자마자 과학 공동체로부터 그 성과를 인정받은 것이 아니다. 연구진은 복제양 돌리가 탄생한 실험 과정과 그 과정의 타당성, 복제양 돌리의 "복제" 여

4* 핵 DNA와 달리 미토콘드리아 DNA는 모계로만 유전된다. 따라서 미토콘드리아 DNA를 분석하면 돌리가 수여자 세포인 난자에서 유래한 개체일 수도 있다는 가능성을 확인할 수 있다.

부를 입증할 수 있는 데이터와 분석 결과를 밝혀야 했다. 그리고 이를 논문에 실어 과학 공동체에 알리자, 동료 연구자들은 보고된 과정에 대한 비판적 검토를 바탕으로 실험 결과의 타당성을 보다 구체적으로 밝힐 수 있는 추가적인 데이터와 설명을 요청하였다. 이에 복제양 돌리를 보고한 연구진은 각 비판점에 대한 추가 기술을 통해 실험 결과의 타당성을 입증하고자 노력하는 모습을 보였다. 이처럼 지식 주장을 고안하고 과학 공동체의 지식으로 인정받고자 그 타당성을 검토하고 검증하는 과정을 과학적 논변활동(scientific argumentation)이라고 부른다. 그렇다면 이러한 논변활동을 과학교육에 도입하고자 하는 논의가 어떻게 이루어지고 있는지 살펴보도록 하겠다.

1.2 과학교육과 논변활동

논변활동은 학생들이 앞서 살펴본 사례와 같은 과학자들의 인식적 실행을 경험할 수 있는 교수 학습 방법으로써 대두되고 있다. 논변과 논변활동이 구체적으로 어떠한 것인지 알아보자.

1 논변과 논변활동

과학교육에서 논변(argument)과 논변활동(argumentation)이라는 용어는 각각 지식 주장을 정당화하는 과정에서 생성되는 산물과 그 산물을 생성하는 과정으로 구분하여 사용되고 있다. 논변은 주장하는 바를 명확하게 하거나 정당화하기 위해 만들어진 산물(Lawson, 2003; Sandoval & Millwood, 2005; Zohar & Nemet, 2002), 정당화(justification)를 통한 주장(claim)과 자료(data) 사이의 연결, 경험적 · 이론적 증거(evidence)에 비춘 지식 주장의 평가(Jimenez-Aleixandre & Erduran, 2008), 주장이나 결론을 지지하는 추론이나 정당화(Zohar & Nemet, 2002)로 정의된다. 그리고 논변활동은 학생들이 자신의 의견을 제안하고 비판하고 평가하는 과정에 참여하는 과정으로써 논변을 생성하기 위한 과정을 의미한다(Clark & Sampson, 2006; Osborne, Erduran, & Simon, 2004).

논변활동을 바라보는 관점으로는 크게 다음과 같이 분석적(analytic), 변증법적(dialectical), 수사적(rhetorical) 관점이 꼽힌다(이선영, 2012; van Eemeren et al., 1996).

가. 분석적 관점

분석적 관점에서 논변활동은 논리 이론에 근거하여 연역적이거나 귀납적으로 전제로부터 결론으로 추론을 하는 것이다. 이 관점에서는 연역법, 실질함언(단순함언), 삼단논법 등의 형식적 논리를 강조하며 타당한 근거에 의해 결론에 이르는 과정을 중요시 한다(van Eemeren et al., 1996). 과학교육뿐만 아니라 논변을 다루는 다양한 학문에서 빠지지 않고 등장하는 Toulmin(1958)의 논변 모형도 분석적 관점에서 논변활동을 바라보고 있다. Toulmin은 순수 논리적 요소나 수학적 명제의 검증 과정을 지나치게 강조하는 것에 대해 비판하면서 언어학적인 분석과 비형식 논리로서 규범적인 논변을 해석할 수 있는 논변의 구성 요소를 제안하였다. Toulmin의 논변 모형은 **2 Toulmin의 논변 구조**에서 더 자세히 살펴보도록 하겠다.

나. 변증법적 관점

이 관점에서는 개인적 논변활동에서 나아가 논변활동의 사회적인 측면에 주목하여, 논변활동을 토의나 논쟁 과정에서 여러 사람들 간의 의견 차이를 해결하는 사회적 방법으로 보고 있다(van Eemeren et al., 1996). 즉, 논변활동을 합리적인 결론에 이르기 위해서 자신의 의견을 정당화하거나 다른 사람의 의견을 반박하려고 하는 연속적인 담화 과정으로써 바라보며, 담화에 참여한 사람들이 최종적인 결론에 도달할 때에 수용할 수 있어야 한다는 점을 강조한다(이선영, 2011). 이러한 논변활동의 대화적인 속성은 최근에 논변활동에 대한 과학교육 연구에서 강조하는 있는 측면이기도 하다.

다. 수사적 관점

수사적 관점에서는 논변활동을 청중을 설득하기 위한 대화 기술로 보고 있다. 이 관점에서 보았을 때 논변활동은 고대 그리스와 로마의 고전적 수사학에서 유래하며, 청중을 중심으로 하여 청중이 이해할 수 있는 범위 내의 지식을 활용하여 발생하는 발화이다(van Eemeren et al., 1996). 교실 수업 상황에서 타당한 증거 기반의 증거를 기반으로 하는 논변 기술을 사용하는 데에 어려움을 겪는 학생들이 많다는 여러 연구 결과를 보았을 때에(e.g., Jiménez-Aleixandre, Rodriguez, & Duschl, 2000; Sandoval & Millwood, 2005) 수사적 형태의 논변활동을 연구하는 것도 의미가 있을 것이다. 실제로 과학 관련 사회 속 쟁점(socio-scientific issues, SSI)에 대한 논변활동을 할 때에 학생들은 증거에 기반을 둔 정당화를 명확히 드러내지 않을 수 있으며, 청중의 맥락을 고려하여 유추나 자료에의 호소 등과 같이 수사적 형태의 논변 담화를 보여주기도 한다(Kim, Anthony, & Blades, 2014). 과학교육에서는 논변활동을 주로 분석적 관점과 변증법적 관점에서 바라보고 연구가 진행되었으나 최근에는 사회 속 과학 쟁점에 대한 논변활동을 수사적 관점으로 학생들의 담화를 연구하는 시도가 나타나면서(e.g., Kim, Anthony, & Blades, 2014) 실제 교실 수업에서 나타나는 학생들의 논변활동을 분석적인 방법에서 나아가 수사적이고 변증법적인 측면에서 분석하려는 관점이 강화되고 있다(Lee et al., 2014).

논변활동을 바라보는 관점은 다양하지만 공통적으로 논변활동의 목적은 다른 사람들이 이해 가능할 수 있도록 현상에 대해 설명하기 위해 자신의 추론 과정을 드러내려고 한다는 점이다. 자연 현상을 설명하기 위해 과학자들은 다양한 설명을 제안할 수 있다. 이때 과학자 공동체 내에서 동료들의 인정을 받기 위해서는 현상에 대한 설명을 적절하고 충분하게 구성하기 위해 그 설명을 뒷받침할 수 있는 증거가 필요하다. 설명은 현상에 대한 원인을 인과적으로 연결해주는 정당화 과정을 필요로 하며, 이렇게 생성된 다양한 설명 중 현상을 가장 적절하고 타당하게 설명한 지식 주장을 선택하기 위해서 논변활동이 일어난다(McNeill & Krajcik, 2009). 사회 구성원이 인정하는 과학적 설명을 구성하고 평가하면서 논변활동이라는 중요한 과학적 수행이 일어나는 것이다.

2 Toulmin의 논변 구조

과학교육에서 이루어진 다양한 연구들은 Toulmin의 논변 모형을 근거로 하여 논변을 분석하였다. 과학 수업에서 일어나는 학생들의 담화에서 논변 구성 요소를 분석하기도 하고(Chinn & Osborne, 2010; Hogan, Nastasi, & Pressley, 2000; Kuhn, 2010; McNeill & Pimentel, 2010), 온라인 학습에서 나타나는 담화에서 분석하기도 하였다(Sampson & Clark, 2008). 논변활동이 말하기 형태뿐만 아니라 글로 적혀지는 형태로 나타날 수 있다고 보고 글로 작성한 에세이나(Kelly & Takao, 2002), 실험 수업 후에 작성되는 실험 보고서에서도(Erduran, Simon, & Osborne, 2004) 학생들의 논변을 분석하기 위해 분석적 방법의 일환으로 Toulmin의 논변 모형이 이용된다.

Toulmin(1958)은 자신의 저서인 The Uses of Argument에서 논변활동을 구성하는 요소들을 제시하고 이들 간의 기능적인 관계를 표상화하는 모형을 제시하였다. 이것을 Toulmin의 논변 모형(Toulmin's argumentation pattern)라고 부르며, 논변을 다루는 교과에서 주로 등장하여 교과 분석을 위한 방법론적인 도구로 사용되어 왔다. 특히, 과학교육 연구자들은 Toulmin의 논변 모형을 학생들의 논변 학습을 지원하는 도구로 사용할 뿐만 아니라 학생들의 논변을 평가하는 도구로 사용함으로써 학생들의 논변을 설명해왔다(Erduran, Simon, & Osborne, 2004).

이 모형에서는 자료에서 주장에 이르는 추론 과정의 구성 요소들을 주장(claim, C), 자료(data, D), 보장(warrant, W), 지지(backing, B), 예외 혹은 반박(rebuttal, R), 한정어 혹은 확신정도(qualifier, Q)로 제시한다<그림 1.2>.

주장(C)은 세우고자 하는 결론, 자료(D)는 주장을 뒷받침해주는 논변에 포함되는 사실, 보장(W)은 자료와 지식 주장이나 결론 사이의 연결점을 정당화하기 위해 제안된 법칙이나 원리와 같은 논거들, 지지(B)는 특정 보장을 정당화하기 위해 제안되는 일반적으로 동의된 것으로 받아들여지는 기본적인 가정들, 예외 혹은 반박(R)은 주장이 사실이 아님을 밝히는 특정한 조건이나 주장, 한정어 혹은 확신정도(Q)는 주장이 진실로 받아들여질 수 있는 특정한 조건이나 주장에서의 한계를 표현하는 것이다.

우리는 보통 주장을 하면서 그 주장의 정당성을 보이기 위해 왜 그 주장이 타당한지에 관한 설명을 덧붙인다. 이렇게 주장이 타당한 이유를 제시하는 과정, 즉 정당화 과정에서는 "어떻게 그 주장에 도달하였는가?"라는 물음에 답하게 될 뿐만 아니라 특정 자료로부터 특정 결론을 내리는 과정이 적절하고 정당하다는 것을 보여주기도 한다.

Toulmin(1958)이 제시한 다음 예를 통해 논변 구조를 살펴보도록 하자<그림 1.3>.

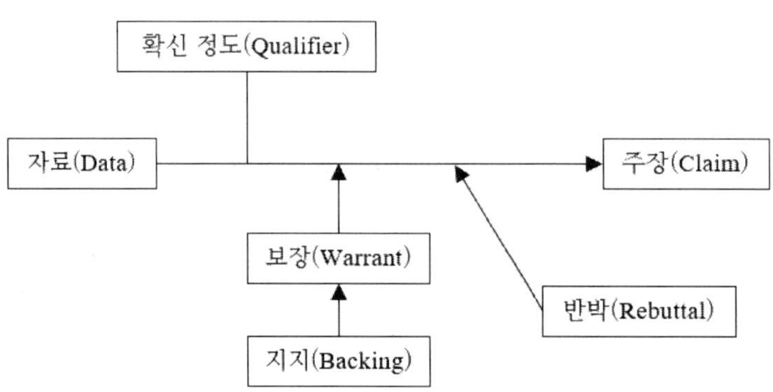

| 그림 1.3 | Toulmin의 논변 모형

해리는 버뮤다에서 태어났다. 그래서 해리는 영국 국민이다.

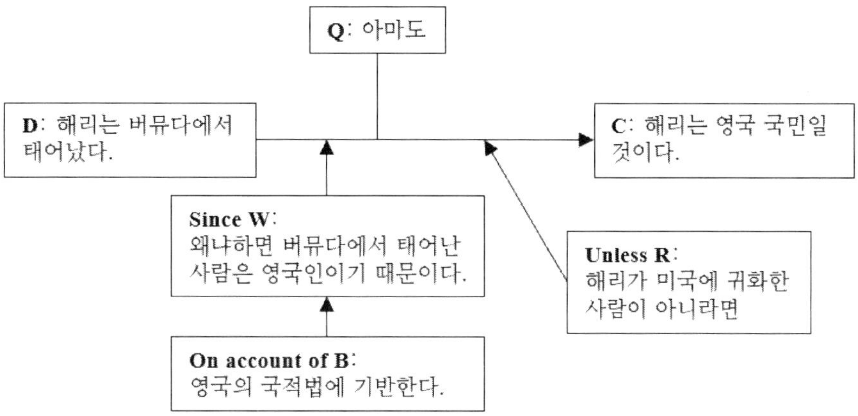

| 그림 1.4 | Toulmin의 논변 모형에 따른 분석 예시

여기에서 주장(C)은 "해리는 영국 국민이다"이며, 이 주장(C)은 "해리가 버뮤다에서 태어났다(D)"라는 자료(D)에 근거한다. 이 주장(C)과 자료(D)는 "버뮤다에서 태어난 사람은 보통 영국 국민이기 때문이다"라는 보장(W)에 의해 서로 연결되므로, 보장(W)은 자료와 주장을 이어주는 다리 역할을 한다.

그런데 이러한 보장(W)은 주장과 자료의 종류와 속성에 따라 그 강도에 차이를 갖는다. 자료가 주장을 명확히 이끌어낸다면 "필연적(necessarily)"이란 수식어를 붙일 수 있지만, 자료에서 이끌어지는 주장이 임시성을 띠거나 제한적인 경우는 "아마도(presumably, probably)" 라는 한정어(Q)를 붙이게 될 것이다. 이러한 한정어로 인해 "예외와 반박(R)"도 동시에 등장한다. 이때, 반박(R)은 다른 측면의 자료가 등장 혹은 요구되거나 보장(W)의 적용가능성을 반박할 수 있는 경우를 말한다. 한정어(Q)나 반박(R)은 모두 보장(W)의 적절성과 관련된 것으로서, 한정어(Q)는 보장(W)에 의해 부여되는 주장(C)의 강도를 나타내며 반박(R)은 보장(W)의 일반적 권위가 인정되지 않는 상황을 가리킨다.

위의 예에서 "해리는 영국 국민이다"는 주장(C)은 "그가 버뮤다에서 태어났다"는 자료(D)와 "버뮤다에서 태어난 사람은 영국 국민이기 때문이다"라는 보장(W)에 의해 옹호된다. 그런데 부모가 영국인 아닌 경우 혹은 해리가 추후에 국적을 변경한 경우는 어떠한가? “해리가 미국 국민으로 귀화(R)”했다면 “버뮤다에서 태어난 사람은 영국 국민이기 때문이다”라는 보장(W)을 반박(R)함으로써 주장의 타당성을 약화시킨다. 그러나 “해리가 미국 국민으로 귀화하지 않았다”는 추가적인 사실이 주어지면, 반박의 가능성이 제거되면서 “해리는 영국 국민이다”라는 주장(C)은 좀 더 확실성을 지니게 된다.

여기서 보장의 적절함을 보일 수 있는 또 다른 요소를 추가해보자. 위의 예에서 제시한 “버뮤다에서 태어난 사람은 영국 국민이다”라는 보장(W)에 대하여, "이를 수용할만한 이유는 무엇인지" 질문할 수 있다. 이 질문은 주어진 보장(W)에 권위를 부여하고 이를 수용하게 하는 또 다른 진술이 필요함을 암시한다. 위의 예에서 제시된 보장(W)을 보면, 버뮤다에서 태어난 사람을 영국 국민으로 간주하는 이유를 분명히 할 필요가 있음을 알 수 있다. 이는 “영국의 국적법은 그렇다”라는 지지(B) 진술에 의해 좀 더 강한 권위를 갖고, 좀 더 확실하게 주장을 이끌어내게 된다.

Toulmin의 논변 분석틀은 논변의 형식적인 논리 구조를 파악하기에 용이하여 논변을 분석하는 기반으로서 자주 활용된다. 그러나 이 논변 분석 틀은 실제 학생들의 담화에서 드러나는 논변을 분석하는 데에 적절하지 않다는 여러 연구자들의 비판을 받기도 하였다. 논변 구성 요소들 사이의 구분이 애매하여 논변 패턴을 분석하는 분석자들이 다른 요소를 동일하게 해석하거나 분석에서 제외할 수 있다는 것이다(Duschl, 2008; Jiménez-Aleixandre et al., 2000). 또한 Toulmin의 논변 분석틀은 학생들이 서로의 주장과 증거를 평가하고 합의에 이르는 연속적인 담화 과정을 살펴보기에는 무리가 있다는 비판도 제기되었다. 이에 Toulmin의 틀을 기본으로 하되, 이를 보다 간단하게 수정한 주장(Claim), 증거(Evidence), 추론(Reasoning)이라는 C-E-R 체계로 학생들의 논변이나 논변활동을 분석할 것이 제안되었다(McNeill & Krajcik, 2007). 주장, 증거, 추론의 체계는 논변활동의 복잡성을 감소시키며, 논변활동에 작용했을 때 학생들이 과제에 더 쉽게 집중할 수 있게 도와준다. 이 체계에서 사용하는 각 요소의 의미는 다음과 같다.

- 주장(Claim) : 어떤 질문 또는 문제에 대한 진술
- 증거(Evidence) : 주장을 뒷받침하기 위해 사용된 데이터
- 추론(Reasoning) : 증거가 어떻게 주장을 뒷받침할 수 있는지를 과학적 이론 또는 학문의 핵심 아이디어를 사용하여 정당화 하는 것

앞으로 이어지는 내용에서는 학생들의 논변활동을 분석할 때 Toulmin의 논변 분석틀

과 C-E-R 체계를 적절히 참고하고자 한다. C-E-R 체계는 학생들의 논변활동에서 논변 구성 요소들을 명확히 구분하여 분석하기 어렵다는 점을 보완해줄 수 있다. 하지만 Toulmin의 논변 분석틀에 제시된 요소들 중에서 반박은 논변의 정교화와 발달에 기여하는 주된 요소임(Erduran et al., 2004)에도 불구하고, C-E-R 체계에 제시되지 않고 있다. 이에 우리는 학생들의 논변활동을 잘 설명하고 그 수준을 평가하는데 도움이 되는 분석틀을 활용하고자 한다.

1.3 과학교육과정의 개혁과 논변

최근 여러 나라에서는 과학 지식의 암기만을 강조하던 기존의 과학 교수 학습에서 벗어나서 과학 지식이 구성되는 과정 또한 다루어야 한다는 점이 강조되면서, 이러한 관점을 바탕으로 하는 과학교육과정의 개혁이 이루어지고 있다(e.g., 교육부, 2015; NRC, 2012). 이러한 과학교육의 개혁에서 논변활동은 과학자 공동체의 실행을 잘 반영하고 있다는 점에서 그 중요성이 부각된다. 이는 논변활동이 과학적 지식이 어떻게 구성되는지 이해하는 데에 도움을 주고(Duschl & Osborne, 2002), 과학 탐구 능력 중의 하나로서 과학을 수행하는 방법을 습득하는 것과 관련이 있다. 다시 말해서 과학자들이 과학 지식을 형성하는 탐구과정에서 경험하는 핵심적인 속성을 학생들도 과학 학습에서 경험하도록 해야 한다는 것이다. 이 과정에서 학생들은 과학 지식을 알고 이해하는 것을 넘어서서 과학에 대한 이해, 과학을 하는 과정이나 방법을 알고 실천할 수 있게 된다. 이러한 관점에서 볼 때 과학 지식의 형성에서 중요한 역할을 하는 논변활동을 과학교육에 포함시켜야 할 필요성은 더욱 커진다.

과학교육에서 논변활동이 지니는 중요성은 또 다른 관점에서 강조되기도 한다. 논변활동은 주요 과학교육 목표 중의 하나인 '사회 속의 과학 관련 쟁점에 대한 합당한 의사결정 능력을 갖춘 시민 양성'에서 핵심적인 역할을 한다는 데에서 그 중요성을 인정받고 있다(강남화, 이은경, 2013). 현대 사회에서 대중들은 엄청난 양의 과학 기술 관련 정보들을 쉽게 접할 수 있으며, 이와 관련하여 개개인이 의사 결정이나 사회 문화적 사건에 참여하도록 요구를 받는다. 이때 일반 시민으로서 과학 관련 사회 속 쟁점에 대해 합당한 판단을 하는 데에는 비판적 사고가 요구되고, 논변에 대한 이해는 이러한 문제 해결에 근간을 형성한다는 것이다(Kuhn, 1993; McNeill, 2009). 이러한 관점에서 현대사회의 민주시민을

양성하는데 있어서 논변활동을 강조하는 과학교육이 필요하다는 주장이 제기된다.

과학교육에서 논변활동의 중요성이 강조되면서 국내외 여러 국가의 과학교육과정에 논변 관련 교육이 반영되고 있다. 전 세계 여러 국가의 교육에 큰 영향을 주고 있는 미국의 경우에, 국가연구위원회(National Research Council, NRC)는 1996년에 국가과학교육기준(National Science Education Standards)을 발표하면서 "학생들은 증거를 이용하여 기술, 설명, 예측, 모형을 구성하는 능력과 비판적, 논리적 사고를 통해 증거와 설명 사이의 관계를 형성하는 능력을 갖추어야 한다(NRC, 1996)"는 목표를 제시하였다. 그리고 2013년에는 '차세대과학교육기준(The Next Generation Science Standard, NGSS)'을 새롭게 개발하여 발표하면서, 기존의 탐구 대신에 '과학/공학 실천(Scientific and Engineering Practices)'을 강조하였다. NGSS는 과학/공학 실천 영역에서 중요하게 교육해야 하는 8 가지 핵심 요소를 제시하고 있는데, '증거를 활용한 논변 참여(Engaging in argument from evidence)'가 그 중 하나다(NRC, 2013).

우리나라의 2015 개정 과학교육과정도 '성격'과 '교수학습 및 평가'에서 논변을 강조하고 있다. 학생들이 함양해야 할 핵심 역량 중 하나로 '과학적 탐구 능력'을 제시하면서 "과학적 문제 해결을 위해 실험, 조사, 토론 등 다양한 방법으로 증거를 수집, 해석, 평가하여 새로운 과학 지식을 얻거나 의미를 구성해가는 능력을 말한다"고 규정한다. 그리고 이러한 과학적 탐구에서 "과학 탐구 기능과 지식을 통합하여 적용하고 활용하는 능력"이 필요하고, '과학적 사고력'이 그 기초가 된다고 하였다. 또한 과학적 의사소통 능력을 진술하면서도 "증거에 근거하여 논변활동[5*]을 하는 능력"을 포함한다고 하고 있다(교육부, 2015). 핵심 역량을 제시할 때 과학적 주장과 증거의 관계를 탐색하는 사고가 제시되는 것을 고려할 때, 과학 탐구에서는 증거 수집과 이를 이용한 주장의 정당화, 이 과정에서 과학 지식을 다룰 것이 강조되고 있다고 하겠다.

과학 탐구와 논변의 관계에 대해서는 여러 과학교육 연구자들도 언급을 하고 있다. 이들은 과학 탐구를 관찰, 측정, 가설 설정 등과 같은 단편적인 탐구 기능 습득을 위한 것으로 보기보다는 과학 탐구의 본질적이고 사회적인 측면을 중시한다. 이들은 과학 탐구를 '자료를 이해하기 위해 설명을 구성하고, 그것을 동료 공동체에 제시하여 평가 받고,

5* 교육과정 문서에는 논증활동으로 기술되어 있으나 본 원고에서는 일관성을 기하기 위해 논변활동으로 표현하였다.

토론을 통해 수정하면서 지식을 구성하는 과정'으로 해석한다(Driver, Newton, & Osborne, 2000; Duschl, 2000; Sandoval & Reiser, 2004). 특히 Driver 등(2000)은 증거와 이론을 통합하는 논변 생성 능력이 설명을 반박하거나 뒷받침하는데 요구되므로 탐구 과정에서 핵심적인 요소가 된다고 강조하였다. 그 외에 탐구학습에서 논변활동을 함으로써 학생들이 과학을 올바르게 이해하고 탐구를 더 잘 할 수 있도록 도와준다는 점이 연구를 통해 제시되기도 하였다(McNeill, 2009; Sandoval & Reiser, 2004).

한편으로는 과학 탐구에서의 논변활동이 과학 지식과 증거의 통합을 추구한다는 측면에서 학생들의 개념 변화 및 개념 이해에 긍정적인 영향을 줄 수 있다는 점이 제시되기도 하였다. 개념의 변화는 학생들의 개인적 지식이 사회적으로 구성되거나 재구성될 때 이루어지는데, 이러한 변화는 대화적 논변활동을 통해 이루어질 수 있다(Driver et al., 2000). 중학생들의 논변활동을 강조한 개방적 물리 탐구에 대한 김희경과 송진웅(2004)의 연구에서도 학생들이 동료를 대상으로 논변을 구성하는 글쓰기를 하면서 자신들의 오류를 발견하고, 결과를 해석하는 과정에서 개념에 대한 이해가 향상되었다는 결과를 제시하였다.

Jimenez-Aleixandre와 Erduran(2008)은 과학교육에서 논변활동을 다룸으로써 얻을 수 있는 잠재적인 기여를 아래와 같이 다섯 가지로 정리하였다. 이는 모두 현재 과학교육과정에서 강조하고 있는 과학교육의 목표와도 부합한다.

ⓐ 전문가들의 수행에서 특징적으로 나타나는 인지적, 초인지적 과정에 접할 기회를 제공한다.
ⓑ 의사소통 능력의 발달과 비판적인 사고의 발달을 지원한다.
ⓒ 과학적 소양의 달성을 돕고 학생들이 과학의 언어로 말하고 쓸 수 있도록 지원한다.
ⓓ 과학 문화의 실행으로 동화시키고, 지식 평가를 위한 인식론적 기준의 발달을 지원한다.
ⓔ 추론의 발달, 특히 합당한 기준에 근거하여 이론이나 입장을 선택하는 능력의 발달을 지원한다.

참고문헌

교육부(2015). 과학과 교육과정. 교육부 고시 제2015-74호[별책 9].

강남화, 이은경(2013). 논변, 논의, 그리고 논증: 개념 명료화를 위한 문헌조사 연구. 한국과학교육학회지, 33(6), 1119-1138.

김희경, 송진웅(2004). 학생의 논변활동을 강조한 개방적 과학탐구활동 모형의 탐색. 한국과학교육학회, 24(6), 1216-1234.

민병곤(2000). 신문 사설의 논증 구조 분석. 국어국문학, 127, 133-154.

이선영(2012). 다매체 시대의 논증 교육의 방향: 논증 개념의 확대 적용에 대한 이론적 검토를 중심으로. 선청어문, 40, 481-499.

Chinn, C., & Osborne, J. (2010). Students' questions and discursive interaction: Their impact on argumentation during collaborative group discussions in science. Journal of Research in Science Teaching, 47(7), 883-908.

Clark, D., & Sampson, V. (2006). Personally-seeded discussions to scaffold online argumentation. International Journal of Science Education, 29(3), 253-277.

Driver, R., Newton, P., & Osborne, J. (2000). Establishing the norms of scientific argumentation in classrooms. Science Education, 84(3), 287-312.

Duschl, R. (2000). Making the nature of science explicit. In R. Millar, J. Leech, & J. Osborne (Eds.), Improving science education: The contribution of research. Philadelphia: Open University Press.

Duschl, R. (2008). Science education in 3-part harmony: Balancing conceptual, epistemic and social learning goals. Review of Research in Education, 32, 268-291.

Duschl, R. A., & Osborne, J. (2002). Supporting and promoting argumentation discourse in science education. Studies in Science Education, 38(1), 39-72.

Erduran, S., Simon, S., & Osborne, J. (2004). TAPping into argumentation: Developments in the application of Toulmin's argument pattern for studying science discourse. Science Education, 88, 915-933.

Hogan, K., Nastasi, B. K., & Pressley, M. (2000). Discourse patterns and collaborative scientific reasoning in peer and teacher-guided discussions. Cognition and Instruction, 17(4), 379-32.

Jiménez-Aleixandre, M. P., & Erduran, S. (2008). Argumentation in science education: An overview. In S. Erduran, & M. P. Jiménez-Aleixandre (Eds.), Argumentation in science. education (pp. 3-27). Netherlands: Springer.

Jiménez-Aleixandre, M. P., Rodriguez, A. B., & Duschl, R. A. (2000). "Doing the lesson" or "Doing science": Arguments in high school genetics. Science Education, 84(6), 757-792.

Kelly, G. J., & Takao, A. (2002). Epistemic levels in argument: An analysis of university oceanography students' use of evidence in writing. Science Education, 86(3), 314-342.

Kim, M., Anthony, R., & Blades, D. (2014). Decision making through dialogue: a case study of analyzing preservice teachers' argumentation on socioscientific issues. Research in Science Education, 44(6), 903-926.

Kuhn, D. (1993). Science as argument: Implications for teaching and learning scientific thinking. Science Education, 77(3), 319-337.

Kuhn, D. (2010).Teaching and learning science as argument. Science Education, 94(5), 810-24.

Lawson, A. (2003). The nature and development of hypothetico-predictive argumentation with implications for science teaching. International Journal of Science Education, 25(11), 1387-1408.

Lee, H.-S., Liu, O. L. , Pallant, A., Roohr, K. C., Pryputniewicz, S. , & Buck, Z. E. (2014). Assessment of uncertainty-infused science argumentation. Journal of Research in Science Teaching, 51(5), 581-605.

McNeill, K. L., & Krajcik, J. (2007). Middle school students' use of appropriate and inappropriate evidence in writing scientific explanations. Thinking with data, 233-265.

McNeill, K. (2009). Teachers' use of curriculum to support students in writing scientific arguments to explain phenomena. Science Education, 93(2), 233-268.

McNeill, K. L., & Krajcik, J. (2009). Synergy between teacher practices and curricular scaffolds to support students in using domain-specific and domain-general knowledge in writing arguments to explain phenomena. The Journal of the Learning Sciences, 18(3), 416-460.

McNeill, K. L., & Pimentel, D. S. (2010). Scientific discourse in three urban classrooms: The role of the teacher in engaging high school students in argumentation. Science Education, 94(2), 203 - 29.

National Research Council (NRC) (2013). Next Generation Science Standards: For states, by states. Washington, DC: The National Academies Press.

National Research Council (NRC) (2012). A framework for k-12 science education: Practices, crosscutting concepts and core ideas. Washington, DC: The National Academies Press.

National Research Council (NRC) (1996). National Science Education Standards. Washington, DC: The National Academies Press.

Nielsen, J. A. (2013). Dialectical features of students' argumentation: A critical review of argumentation studies in science education. Research in Science Education, 43(1), 371-393.

Nussbaum, E. M., & Edwards, O. V. (2011). Critical questions and argument stratagems: A framework for enhancing and analyzing students' reasoning practices. Journal of the Learning Sciences, 20(3), 443-488.

Osborne, J., Erduran, S., & Simon, S. (2004). Enhancing the quality of argumentation in science classrooms. Journal of Research in Science Teaching, 41(10), 994-1020.

Richardson, M. J. (2016). NT2573: Dolly at the National Museum Scotland [Online image]. Retrieved December 20, 2018 from https://www.geograph.org.uk/photo/5051696

Sampson, V., & Clark, D. B. (2008). Assessment of the ways students generate argument in science education: Current perspectives and recommendations for future directions. Science Education, 92(3), 447-472.

Sandoval, W. A., & Millwood, K. A. (2005). The quality of students' use of evidence in written scientific explanations. Cognition and Instruction, 23(1), 23-55.

Sandoval. W. A., & Reiser, B. J. (2004). Explanation-driven inquiry: Integrating conceptual and epistemic scaffolds for scientific inquiry. Science Education, 88(3), 345-372.

Sgaramella, V., & Zinder, N. D. (1998). Dolly confirmation. Science, 279(5351), 635-635.

Toulmin, S. (1958). The uses of argument. Cambridge: Cambridge University Press.

van Eemeren, F. H., Grootendorst, R., Henkemans, F. S., Blair, J. A., Johnson, R. H., Krabbe, E. C. W., Plantin, C., Walton, D. N., Willard, C. A., Woods, J., & Zarefsky, D. (1996). Fundamentals of argumentation theory: A handbook of historical backgrounds and contemporary developments. Mahwah, NJ: Lawrence Erlbaum Associates.

Walton, D. (1996). Argumentation schemes for presumptive reasoning. Mahwah: Lawrence Erlbaum Associates.

Wilmut, I., Schnieke, A. E., McWhir, J., Kind, A. J., & Campbell, K. H. (1997). Viable offspring derived from fetal and adult mammalian cells. Nature, 385(6619), 810-813.

Yilmaz, Ö. Y., Calkiroglu, J., Ertepinar, H., & Erduran, S. (2017). The pedagogy of argumentation in science education: science teachers' instructional practices. International Journal of Science Education 39, 1443-1464.

Zohar, A., & Nemet, F. (2002). Fostering students' knowledge and argumentation skills through dilemmas in human genetics. Journal of Research in Science Teaching, 39(1), 35-62.

02 장

과학 논변활동 수업 설계

이전 장에서 설명한 것처럼 최근 국내외 과학교육계는 과학 수업에 논변활동을 도입해야 한다는 점을 강조하고 있다. 우리나라의 2015 개정 교육과정에서도 과학 교과에서 활용할 수 있는 핵심적인 교수·학습 방법으로 증거에 기초한 토론과 논변활동을 제시하고 있다. 이러한 변화에 발맞추어 과학 교사들 또한 자신의 수업에서 토론이나 논변활동이 이루어져야 한다는 점에 공감하고 있다(이효녕, 조현준, 손정주. 2009).

그러나 학교 현장에서 논변활동을 활용한 수업은 찾아보기 어렵다. 과학 교사들은 논변활동의 필요성은 인정하지만, 자신의 수업에 논변활동을 도입하기를 어려워한다. 수업을 설계하고 실행하는 주체가 교사인 만큼, 과학 수업에 논변활동이 안착되기 위해서는 교사가 이를 실행할 수 있는 충분한 역량을 지니고 있어야 한다. 그렇다면 과학 수업에서 성공적인 논변활동이 이루어지기 위해서 교사에게 어떤 역량이 필요할까? 먼저, 논변활동이 무엇이고 그 특성이 어떠한지를 파악하고 있어야 한다. 과학 교사의 논변활동 수업에 관한 연구에서 논변활동을 잘 이해한 교사는 보다 높은 수준의 논변활동 수업을 실행할 수 있었다(e.g., McNeill & Knight, 2013). 그러나 교사가 논변활동에 대한 지식을 풍부하게 가지고 있다고 해서, 실제 수업을 매끄럽게 진행할 수 있는 것은 아니다. 논변활동을 과학 수업에 도입하기 위해서는 교사가 단순 지식 전달자 이상의 역할을 해야 한다. 학생들이 논변활동에 참여해서 능동적으로 지식 주장을 만들고 이에 대한 정당화를 하는 학습 환경을 구축해주어야 하는 것이다. 이를 위해서 교사는 수업 자료를 어떻게 구성하고 조직할지, 그리고 수업을 어떻게 설계하고 적용할 수 있는지 등의 측면에서 구체적으로 수업을 설계할 수 있는 전문성을 가지고 있어야 한다. 다시 말해서 교사가 과학 수업에 논변활동을 효과적으로 도입하기 위해서는 논변활동에 대한 지식뿐만 아니라 이를 위한 수업 설계와 실행에 대해서도 잘 알고 있어야 한다.

이 장에서는 교사가 논변활동을 하고자 할 때 이에 필요한 역량을 기를 수 있도록 지원하고자 한다. 실제 과학 논변 수업에서 이루어진 사례를 토대로 해서, 교사가 논변활동 수업 설계에서 자료를 어떻게 구성하고 어떤 전략을 사용해야 하는지에 대해 다루고자 한다.

2.1 논변활동 수업 설계 시 주요 고려 사항

과학교육자들은 논변활동을 과학 수업에 도입해서 새로운 교실 문화를 만들어나가야 한다고 주장한다. 그렇다면 기존의 수업과 논변활동을 활용한 수업은 어떤 차이가 있을까? 그리고 논변활동에서 학생들에게 제공하는 자료는 어떠한 요소들을 포함해야 할까? 이번 절에서는 논변활동 수업 설계에 관한 연구(e.g., Jimenez-Aleixandre, 2008; Osborne, Erduran, & Simon, 2004; Sampson & Schleigh, 2013)에 기초하여, 논변활동을 도입한 과학 수업 구성에서 기본적으로 고려해야 할 사항들을 제시하고자 한다. 이는 교사가 논변활동 수업을 설계하는 과정에서 유용한 정보를 제공할 것이다.

1 대안적인 주장들이 고안될 수 있는 현상 또는 쟁점 제시하기

학생들은 논변활동에서 자신의 주장을 제시하고 증거를 들어 이 주장을 정당화해야 할 것이다. 이와 같은 논변활동이 진행되기 위해서는 학생이 관심과 의문을 가질 수 있는 자연 현상이나 쟁점을 제공할 필요가 있다. 이때 특정 자연현상이나 쟁점에 대해 한 가지 주장만 제시될 때보다 여러 대안적인 의견들이 제시되는 경우에, 의견의 타당성을 비교하는 비판적 의사소통이 일어나기 쉽다. 그렇다면 어떤 경우에 학생들로부터 다양한 의견을 이끌어낼 수 있을까? 학생들은 자신이 관심을 갖고 있는 현상이나 문제 상황, 혹은 쟁점을 접한 후에 그와 관련된 사전 지식이나 자신의 경험 등을 다양하게 불러올 수 있다. 이 경우에 학생들은 자신의 사전 지식이나 경험을 토대로 여러 대안적인 주장들을 할 수 있게 된다. 다시 말해서, 학생들이 이전에 학습한 개념이나 일상생활에서의 경험을 다양하게 활용할 수 있는 현상이나 쟁점을 제시해줄 필요가 있다.

그림 2.1은 학생들에게 친숙한 일상생활 속의 현상에 의문을 갖게 하고, 이 현상을 설명하는 대안적인 가설들을 평가하게 하는 논변활동의 예이다(**부록**의 **활동 A-2** 참조). 이 활동은 소화계의 작용 중 침의 역할에 관한 것으로, '밥을 씹으면 단맛이 나는 현상'을 다루고 있다. 그리고 이러한 현상이 나타나는 이유로 세 가지 가설을 제시하고, 학생들에게 이 가설들 중 어떠한 것을 지지하는지, 그리고 그 이유는 무엇인지를 적어보도록 요청한다. 이처럼 여러 대안적인 설명들을 제시함으로써, 학생들이 자연스럽게 여러 가설의 타당성을 비교해보는 비판적인 검토 과정에 참여하도록 지원할 수 있다.

학생들로 하여금 위의 예시처럼 제시된 대안 가설들 중에서 가장 그럴 듯한 것을 선택하게 하고 그 이유를 답하게 하려면, 대안 가설들이 모두 학생들에게 그럴 듯한 것으로 다가가야 한다. 그렇다면 위 예시와 같이 대안적인 주장들이 고안될 수 있는 현상이나 쟁점은 어떻게 고안할 수 있을까? 학생들이 위의 예시에 제시된 것과 같은 대안 가설을 그럴듯하게 여기려면, 학생들이 대안 가설에 대한 평가를 할 때 어떠한 개념이나 경험을 가져올지 예상할 수 있어야 한다. 이때 참고할 수 있는 대표적인 자료가 학생들의 오개념(또는 선개념)을 조사한 문헌이다. 추후 3장에서 학생들의 사고를 '오(誤)개념'으로 여기기보단 지식 구성 과정에 기여할 수 있는 잠재성을 가지며 논변을 정교화할 수 있는 자원으로 여길 것을 주장할 것이다. 하지만 그럼에도 학생들의 오개념을 다룬 연구들은 학생들이 수업에 가져오는 사전 지식을 구체적으로 탐색하였다는 점에서 유용하게 활용될 수 있다.

논변활동에서 학생들이 비판적인 목소리를 내게 하려면 학생들의 다양한 의견을 이끌어내는 것이 필요하다. 이때 자연 현상이나 쟁점을 단편적으로 제시하기보다는 그러한 현상이 발견된 상황이나 논쟁의 소재로서 쟁점이 떠오르게 된 맥락을 구체적으로 제시할 필요가 있다. 예를 들어, 실험 결과로 나타난 현상만을 단편적으로 학생들에게 제시할 때보다 학생들이 직접 실험을 통해 그러한 결과가 나오게 된 과정을 경험하고 관찰한

가람이는 밥을 꼭꼭 씹어 먹어야 한다는 엄마의 말씀을 듣고 밥을 오랫동안 씹어 먹다가 밥에서 단맛을 느꼈다. 어떤 과정에 의해 가람이가 단맛을 느끼게 되었을까?

가설 1	가설 2	가설 3
이가 밥 속에 있는 녹말을 포도당으로 잘게 쪼개기 때문에 단맛이 나는 것이다.	침이 밥 속에 있는 녹말을 포도당으로 분해하여 단맛이 나는 것이다.	밥이 침에 있는 어떤 성분을 변화시켜 침이 단맛이 나게 하는 것이다.

| 그림 2.1 | 대안적인 가설에 대한 평가를 통한 논변활동

결과를 그 과정과 연결 지어 논의하게 할 때 더 다양한 의견이 나올 수 있을 것이다. 더 나아가 학생들이 직접 질문을 고안하도록 촉진하는 것 또한 논변활동을 시작하는 좋은 방법이 될 것이다(Phillips, Watkins, & Hammer, 2018). 학생들이 직접 질문을 고안하기 위해서는 어떠한 대안적인 지식 주장들이 제시될 수 있는 지를 파악하고 있어야 하며, 더 나아가 그 중에서 가장 타당한 것을 판단하길 원하는 상황이 조성되어야 한다. 교사가 학생들에게 개념적 측면에서의 지원(**2-3. 논변활동 지원 전략** 참조)을 해 줌으로써 학생에 의한 질문 고안 상황의 조성을 촉진할 수 있을 것이다.

2 증거와 추론으로 뒷받침되는 주장 구성 요청하기

논변활동은 증거와 추론을 바탕으로 자신의 주장을 정당화하는 과정이다. 비판적인 의사소통은 여러 주장들을 정당화하는 증거와 추론의 타당성을 평가하며 이루어진다. 그 과정에서 학생들은 과학 지식 그 자체뿐만 아니라 그 지식이 만들어지는 과정을 내면화할 수 있다(Driver, Newton, & Osborne, 2000). 이러한 비판적 의사소통이 이루어지기 위해서는 먼저 학생들이 주어진 주제에 관한 자신의 주장을 제시하고, 그러한 주장을 제시한 근거로서 증거와 추론을 드러내도록 해야 한다.

이점이 반영된 간단한 예시로 앞서 제시한 그림 2.1의 활동지를 다시 살펴보자. 이 활동지에서는 학생들이 자신이 지지하는 가설을 선택하는 부분과 그 이유를 적는 부분을 구분하고 있다. 또한 주장을 뒷받침하거나 반박하는 증거를 기록하도록 요청함으로써 <그림 2.3 참조, p.27>, 주장의 타당성을 입증하는 데 있어서 증거와 추론이 중요하다는 점을 강조할 수 있다.

논변 수업에서 이러한 활동이 원활하게 이루어지기 위해서는 학생들이 논변의 구조를 이해할 수 있는 기회를 제공할 필요가 있다. 학생들에게 논변의 구조를 명시적으로 안내하는 것은 논리적인 주장이 어떠한지 이해하도록 돕는 유용한 방법이다(McNeill, Lizotte, & Krajcik, 2006). 그 일환으로, 학생들이 일상생활에서 다른 사람들을 설득하고자 근거를 들어 주장을 제시할만한 상황을 제시하고, 여기서 논변의 구조를 다루는 방법이 있다<그림 2.8 참조>. 이 경우에 학생들은 과학 지식에 대한 이해를 하지 않고도 좀 더 쉽게 논변을 구성할 수 있으며, 자신의 일상과 쉽게 연결함으로써 활동에 관심을 갖고 참여하게 된다. 여기서 논변 구조를 학습한 후에 과학 주제를 포함한 논변활동에서 이를 적용하도록 요청함으로써, 학생들이 과학 논변활동에서 타당한 근거로 뒷받침된 지식 주장을 고안하도록 지원할 수 있다. 이에 대해서는 **2-3. 논변활동 지원 전략**의 **다. 인식적 측면에서의 지원**에서 더 자세히 설명하겠다.

학생들은 논변활동에서 자신의 지식 주장을 제시하거나 이를 뒷받침하는 근거를 제시하는데 있어서도 어려움을 겪는다. 교사나 교과서가 제공한 정보를 수동적으로 수용하는데 익숙한 학생들의 경우에 이 어려움은 더 크게 다가오게 된다. 이때 학생들이 지식 주장을 구성하고 평가하는데 활용할 수 있는 관련 자료를 제공함으로써 개념적 측면의 지원을 할 수 있다. 한 예로 학생들이 구성할 논변을 직접 제공하지 않으면서, 주장을 뒷받침하는데 사용하도록 주제와 관련된 과학 지식을 제시하는 것을 들 수 있다. 좀 더 구체적으로 말하면, 서로 다른 주장을 뒷받침할 수 있는 데이터를 학생들에게 제시하고 그러한 데이터가 어떠한 주장을 어떻게 뒷받침할지 추론하도록 지원하는 방법이 있다. 이러한 지원을 적시에 해 줌으로써 학생들이 다시 교사 의존적인 자세로 돌아가지 않고 계속 능동적으로 자신의 주장을 정당화할 수 있다(Sandoval & Çam, 2011; McNeill et al., 2017).

3 비판적인 의사소통을 위한 교실 문화 조성하기

논변활동 수업에서는 지식에 대한 이해와 비판적 사고의 과정이 학생 개인의 차원에서뿐만 아니라 수업에 참여하는 전체 구성원들 간에 발생하는 사회적 차원에서도 일어나는 것을 추구한다. 과학자 공동체에서 여러 과학자들의 상호 비판적인 평가를 통해 과학 지식이 생성되고 축적되는 것처럼, 과학 수업에서도 학습에 참여하는 구성원 간의 설득과 협력을 통해 과학 주장의 타당성을 평가하는 과정이 이루어질 필요가 있다(Brown et al., 1993; Mortimer & Scott, 2003).

학생들의 논변활동에서 먼저 학생들이 개인적으로 논변을 구성한 뒤에 그룹별로 합의된 하나의 의견을 제시하도록 요청함으로써 이를 촉진할 수 있다. 학생 개인의 의견을 기록하게 하고, 모둠별 논의를 통해 합의된 의견을 적게 하는 방법이 그림 2.7의 활동지에 나타나 있다. 개인별 활동지와는 별도로 모둠별 활동지<그림 2.3 참조>를 제공하는 방법도 있다. 모둠별 활동지에는 각 모둠원의 의견을 포스트잇 등에 기록하여 붙여볼 수 있는 공간, 그러한 의견들을 바탕으로 하나의 합의된 의견을 고안할 수 있는 공간, 더 나아가 반 전체 논의 후에 다시 한 번 생각을 정리해볼 수 있는 공간이 추가로 제시된다. 이러한 지원 전략은 학생들이 논의를 통해 합의된 의견을 도출하기에 앞서, 각자가 서로 다른 의견을 어떻게 정당화할 수 있을지 생각해볼 기회를 제공한다. 그리고 모둠 논의에서 다양한 의견의 타당성을 활발하게 함께 논의할 수 있도록 지원하게 된다.

이밖에도 어떤 한 논변을 제시한 뒤에 학생들에게는 그 주장에 찬성하거나 반박하는 입장을 선택하게 한 뒤 그 근거를 제시하라고 요청하는 방법이 있다<그림 2.2 참조>. 이는 논변활동의 비판적 평가 자체에 초점을 맞추어, 논변의 수정 및 정교화 과정에 집중하도록 장려하는 설계 방법이다.

하지만 무엇보다도 과학 수업에서 자유롭고 비판적인 의사소통이 이루어지기 위해서는 모든 학생들이 자기 의견을 개진할 수 있는 새로운 교실 수업 환경이 조성되는 것이 중요하다. 즉 교실 구성원들이 동등한 인식적, 사회적 위치를 가지며, 상대방의 의견에 귀 기울이고 다양한 의견을 논의 과정에 수용할 수 있는 교실 환경이 갖춰질 필요가 있다. 하지만 우리의 교실에서 학생들은 교사와 성적이 좋은 학생들에게 높은 인식적 권위를 부여하고, 이들에게 의존해서 학습활동을 하는 모습을 보인다(Driver et al., 2000; 권지숙, 김희백, 2016; 박소현, 이신영, 김희백, 2014; 이은주, 윤선미, 김희백, 2015; 이차은, 김희백, 2016). 따라서 논변활동을 위한 교실 문화가 정착될 수 있도록 이러한 문제의 타개와 아울러 학생들의 인식 변화를 지원할 필요가 있다.

이를 위한 전략으로는 학생들이 논변활동에 다 함께 참여하기 위한 활동 규칙을 정하고, 논변활동을 한 뒤에 자신들의 실행에서 그 규칙들을 잘 지켰는지를 반성하게 장려하는 것이 있다. 수업 실행에 대한 성찰 이후에 처음의 규칙을 수정・보완하고, 그 다음 수업 실행을 한 이후에 다시 반성하는 과정을 반복함으로써 교실의 규범을 정착시킬 수 있다(윤선미, 2016). 이러한 과정에서는 수업 실행에 대한 성찰이 매우 중요하며, 성찰은 특히 "모든 구성원의 고른 참여"와 같은 일반적인 사회적 규범을 넘어서서 "주장의 정당화"와 같은 논변 규범(Yun & Kim, 2015)이 정착되게 하는데 있어서 핵심적인 역할을 한다. 이러한 과정을 거치면서 학생들은 논변활동을 다 함께 협력적으로 참여하는 지식 구성 과정으로 이해하고 그 생각을 자신의 실행에 반영하게 된다(이신영, 박소현, 김희백, 2016). 또한 소집단 논변활동 이후에 수업을 마무리하는 교실 전체 논의에서, 학생들이 완성된 논변만을 보고하기보다는 그 논변이 어떠한 논의 과정을 통해 고안되었는지 발표해보도록 요청하는 것도 논변 규범의 정착을 위한 좋은 방법이 된다. 이는 학생들에게 논변활동의 결과 만들어진 지식 산물뿐만 아니라 그러한 지식 주장이 고안된 비판적 논의 과정 또한 중요하다는 점을 전달할 수 있다.

또한 학생들이 과학 지식과 다른 의견을 제시해도 괜찮다고 느낄 수 있는 편안한 분

어느 쪽이 윗면일까?

단원명	식물체의 구조와 기능	일시	년 월 일	모둠	모둠원: , , ,
*모둠 활동지를 작성한 사람의 이름에 동그라미로 표시하세요					
우리 모둠원들의 의견을 들어 봅시다 - 나는 누구의 주장에 동의하나요?					
모둠원의 의견 중 가장 그럴듯한 의견은 어떤 것인가요?					
▪ 가장 그럴듯한 의견을 낸 사람은? ▪ 다른 사람의 의견에 비해 어떤 점에서 더 그럴듯하다고 생각했는지 구체적으로 적어봅시다.					

I 그림 2.2 I 모둠 활동지 예시

위기가 조성되어야 한다(Jaber, 2015; Jaber & Hammer, 2016). 학생들은 아직 자신이 확신하지 못하는 것을 다른 사람이 묻거나 자신의 의견이 반박되는 것에 대해 부정적인 감정 반응을 보이는 경향이 있다(권지숙, 김희백, 2016; 한문현, 김희백, 2017; Jaber, 2015). 옳은 답을 확인하는 것이 중요하다고 여기는 기존의 수업에서는 과학적으로 옳지 않은 의견은 '무시'되거나 '조롱'의 대상이 되고는 한다. 수업에서 이러한 경험을 겪은 학생들은 옳다고 확신하지 않는 의견을 제시하지 않으려고 한다. 이러한 점을 고려했을 때, 학생들이 제시하는 의견이 과학적 개념과 부합하지 않더라도 다른 사람들과 함께 의견을 정교화해가는 지식 구성 과정에서 가치 있게 사용될 수 있다고 인식될 필요가 있다. 즉, 그들의 의견이 과학 지식과 다르더라도 논의에서 다루어질 가능성을 지닌다는 점을 서로 인식하는 교실 문화를 조성할 필요가 있다. 특히 교사는 모든 학생이 논변활동에 참여할 수 있는 권한을 가진다는 것을 인정하고, 학생들이 서로 이를 인정하는 문화를 형성할 필요가 있다. 여러 문헌(박지영, 김희백, 2018; Stroupe, Caballero, & White, 2018; Tan & Barton, 2007)은 학생들이 논변 실행에서 기존의 과학 지식과 다른 지식을 드러내는 것을 교사가 가치 있게 인정해야 한다는 점을 강조한다. 그리고 더 나아가 반박당한 의견이 논변의 타당성 검토와 좀 더 정교한 논변의 구성에 기여한다는 점에서 그 가치를 지닌다는 점을 강조함으로써 이러한 교실 문화 형성을 촉진한다고 하였다. 이처럼 교사는 전통적인 교수학습 환경에서 "옳고 그름"에 대한 평가에 예민해진 학생들이 반박을 주고받는 논변활동에 참여할 수 있도록 학생들의 감정과 교실 분위기를 조성할 필요가 있다.

2.2 논변활동 교수-학습 방법

교사들은 논변활동을 과학 수업에 도입하려고 하면서 어떤 형태로 수업을 구성할 것인지에 대해 고민하게 된다. 논변활동 수업은 다양한 형태로 이루어질 수 있다. 참여 구성원의 규모 수준으로 살펴보면 개인적 논변활동, 소집단 논변활동, 학급 전체 논변활동으로 다양한 형태가 있다. 수업에서 언어를 표현하는 방식에 따라서 간단하게는 글쓰기나 말하기의 형태로 구분할 수도 있고, 활동 유형에 따라 실험 수업, 포트폴리오 만들기, 소집단 토론, 발표 수업, 온라인 수업 등으로 구분할 수도 있다. 논변수업을 계획하면서 이 중 어느 한 가지 방식만을 선택해야 하는 것은 아니며, 수업 형태 이외에도 학습자, 학습 주제 등을 고려하여 수업을 설계하여야 할 것이다(Chinn, & Osborne, 2010; Sandoval & Reiser, 2004).

이 절에서는 교사들의 논변활동 수업 계획과 수행에 도움을 주고자 과학 수업에서 사용할 수 있는 몇 가지 수업 방법을 제안하고자 한다. 표 2.1은 수업에서 사용할 수 있는 논변활동 수업 방법을 정리한 것이다. 이는 Osborne, Erduran과 Simon(2004)이 제시한 교수-학습 방법을 기초로 하여, 앞의 절(2-1. 논변활동 수업 설계 시 주요 고려사항)에서 언급된 내용을 범주화 한 것이다. 이 표는 교사가 논변활동 수업을 설계할 때 학습자와 수업 상황, 논변 주제, 수업 차시 등을 고려하여 적절한 수업 방법을 선택하고 고안하는 데에 도움이 될 것이다.

1 예시 기반의 논변활동

예시 기반의 논변활동은 학생들에게 예시 주장 혹은 예시 논변을 제공하고, 학생들이 이를 정당화하거나 평가하게 하는 활동이다. 이 활동은 논변에 대해 잘 알지 못하더라도 예시 논변이라는 단서를 제공함으로써 학생들이 자연스럽게 논변활동에 참여하도록 유도할 수 있다. 그림 2.3은 예시 논변을 '주장'으로 제공한 학생용 활동지의 일부이다. 이 활동은 "감기에 걸렸을 때 백혈구가 감기 균과 싸우느라 죽어서 그 숫자가 줄어든다"는 예시 논변을 제공하고, 동의하는 경우에는 추가 증거를 찾도록, 동의하지 않는 경우에는 반박 증거를 찾도록 요구한 것이다. 학생들은 예시 논변에 대한 동의 여부를 선택하면서 자연스럽게 자신의 주장을 구성할 수 있다. 이후 학생들은 자신의 주장에 대한 증거를 찾으면서 이를 정당화하는 활동에 참여하게 된다.

이러한 활동 구성은 학생들이 논변활동에 익숙하지 않은 초반부에 논변의 구조를 익히고 논변활동을 이해하는데 도움을 줄 수 있을 것이다. 예시 논변은 주장과 이를 뒷받침하는 증거와 추론으로 구성된 논변의 구조를 보여준다. 학생들은 예시 논변을 검토하면서 논변의 요소를 파악하고 그 구조를 이해할 수 있다. 또한 예시 논변에서 제시된 추론이 주장을 타당하게 뒷받침하는지 점검하며 논변에 담긴 정당화를 이해하게 된다.

예시 논변이 항상 과학적으로 옳은 논변이어야 하는 것은 아니다. 그림 2.3에 제시된 바와 같이 예시 논변은 매우 그럴듯하지만 과학적으로 옳은 것은 아니다(**부록**의 **활동 A-3** 참조). 학생들은 백혈구가 "병균과 싸우는 일"을 한다고 배웠으며, 전쟁 중에 많은 병사들이 전사한다는 사실도 알고 있다. 이 두 가지 사실만 연결 지어 생각한다면 예시 논변으로 제시된 주장은 옳다고 할 수 있을 것이다. 그러나 이 수업에서는 활동지와 함께 도움 카드를 제공했는데(최지혜, 이신영, 김희백, 2014), 그 카드 중에는 감기 환자의 혈액 속 백혈구 수가 증가한 데이터가 제시되어 있다. 학생들은 그 데이터가 하윤의 주장을 반박하는 것임을 알아채고, 반대 주장을 정당화하는 증거를 찾게 되었다. 이처럼 그럴듯하지만 과학적으로 옳지 않은 예시 논변은 학생들의 비판적 사고를 불러일으킨다는 점에서 유용하지만, 이때 학생들이 "과학적으로 옳지 않음"을 판단할 수 있도록 단서를 추가로 제공해줄 필요가 있다. 논변활동에서는 과학적으로 타당한 논변을 구성하는 것도 중요하지

표 2.1 논변활동 자료 구성을 위한 교수-학습 방법

교수-학습 방법	활동 예시
예시 기반	· 특정한 과학 주제에 대한 발화를 제시하고 동의 여부를 선택 · 연구 문헌에서 발췌한 학생들의 개념도를 제시하고 과학적인 진위 여부에 대해 근거를 들어 정당화
대안이론 기반	· 만화에서 제시한 대안이론 중 하나를 선택하고 근거를 들어 정당화 · 신문에서 발췌한 이야기에 제시된 대안이론 중 하나를 선택하고 근거를 들어 정당화 · 물리적 현상에 대한 대안이론 중 하나를 선택하고 근거를 들어 정당화
실험 활동 기반	· 미흡한 실험 보고서를 제시하고 실험과 결론을 개선할 수 있는 방법과 이유를 제시 · 실험 전에 어떤 현상이 일어날 지에 대해 근거를 들어 예상해보고, 실험 후에 초기 논변을 평가 · 가설을 검증하기 위한 실험을 설계하면서 논변

만, 논변을 평가하는 것 또한 중요하다. 과학적으로 타당하지 않은 논변이 제시되었을 때, 학생들은 논변의 정당화가 적절한지를 점검하면서 이를 반박하거나 대안 논변을 제시할 수도 있다. 따라서 교사는 논변활동의 목적에 따라 어떤 예시 논변을 제시할 것인가에 대해서 충분히 고려해야 할 것이다.

2 대안이론 기반의 논변활동

대안이론 기반의 논변활동은 어떤 과학적 상황에 대한 대안이론을 제시하고, 학생들이 대안이론 중 하나를 선택하게 한 후에 이를 정당화하는 활동이다. 학생들은 제공된 증거 중에서 자신이 선택한 대안이론을 지지하는 것을 찾아서 정당화하게 된다(Koslowksi, 1996). 이와 같은 논변활동은 학생들이 여러 대안이론들 중 하나를 근거를 들어 지지하게 함으로써 자신의 주장을 뒷받침하는 방법을 익히도록 촉진하는 데에 효과적이다. 또한 이 활동은 학생들이 서로 대립되는 이론을 선택할 수 있게 함으로써 대화적인 상호작용을 촉진한다. 학생들은 상대방의 의견에 반론을 제기함과 동시에 상대방의 반론에 반박하는 비판적 상호작용에 참여할 수 있다.

이러한 방법을 사용하여 수업 자료를 구성할 때 가장 중요한 것은 경쟁이론을 설정하는 것이다. 학생들은 서로의 의견이 일치하지 않을 때 쉽게 서로의 의견에 반응할 수 있

주장 생각하기	지혜가 독한 감기로 결석을 했다. 하윤이는 지난 과학 시간에 배운 백혈구의 기능을 떠올리면서 <u>백혈구의 수가 줄었는지 늘었는지</u> 궁금해 했다. 그리고 다음과 같이 자신의 생각을 말했다. **"백혈구 수는 줄었을 거야. 왜냐하면 감기균과 싸우느라 많이 죽었을 테니까."**
주장을 뒷받침할 수 있는 증거 찾기	하윤이가 왜 그렇게 생각했을까? 하윤이의 생각을 지지하는 증거를 도움카드에서 골라 붙여보자. 만약 하윤이의 주장에 동의하지 않는 사람이 있다면, 왜 그렇게 생각했을까? 하윤이의 생각을 지지하지 않는 증거를 도움카드에서 골라 붙여보자.

| 그림 2.3 | 예시 논변을 사용한 논변활동지

다. 따라서 특정 현상에 대해 서로 다른 이론적 해석을 할 수 있는 소재를 사용하는 것이 중요하다(Osborne et al., 2004). 즉, 논변활동이 활발하게 이루어지기 위해서는 정답을 쉽게 유추할 수 없거나 단일 의견으로 모아지기 어려운 불확실성이 높은 주제를 선택해야 할 필요가 있다.

그림 2.4는 대안이론을 활용한 논변활동지(**부록**의 **활동** A-4 참조)의 일부이다. 이 과제는 사막 식물의 긴 뿌리를 보고 그 기능과 관련된 주장을 선택하게 한 것이다. 여기서 '물리적인 지지'와 '수분 흡수'라는 기능 중에서 선택을 하도록 요구하고 있는데, 두 주장은 모두 틀리지 않은 것이어서 학생들은 그 중에서 더 타당한 주장을 찾아야 한다. 그렇기 때문에 두 주장을 각각 선택하는 학생들로 나뉘게 되고, 서로 다른 주장을 선택한 학생들은 자연스럽게 상대방을 설득하려는 논의에 참여하게 된다. 이 과제에 제시된 두 주장은 불확실성이 높아 학생들이 인지갈등을 일으킬 수 있도록 지원하고 있다.

대안이론을 활용한 논변활동 수업에서 사용 가능한 추가적인 교수 전략 중 하나는 학

미국 중서부에 위치한 유타주는 건조한 지역이어서, 전체 면적의 75% 정도가 사막이다. 이곳에 사는 관목들은 그림과 같이 두꺼운 곧은 뿌리를 가지며 이 뿌리는 땅 속 깊이 뻗어있다. 관목의 한 종류인 메스키트 나무는 약 60m 깊이까지 뿌리를 뻗은 것이 관찰되기도 한다.

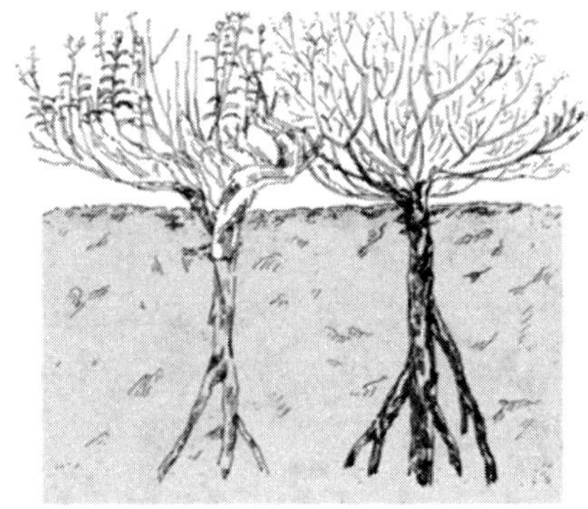

사진을 보고 주장 생각하기	왜 이 지역에 사는 관목들에서 그림과 같은 형태의 뿌리가 나타날까? 다음 두 주장 중 더 타당하다고 생각하는 것을 골라 ✔표시해보자. ____ 주장 1: 긴 뿌리는 식물을 지지하는데 도움이 된다. ____ 주장 2: 긴 뿌리는 식물이 수분을 잘 흡수할 수 있도록 한다.
주장1(지지 작용)을 뒷받침 할 수 있는 근거 찾기	주장 1을 뒷받침 할 수 있는 근거를 도움카드에서 골라 붙여보자.

| 그림 2.4 | 경쟁 논변을 활용한 논변 과제

생들이 제시된 각각의 대안을 모두 평가해보게 하는 것이다. 학생들은 서로 대립하는 대안이론을 평가하면서 논변을 정당화하는 방법을 익힐 수 있을 것이다. 또한 그 과정에서 학생들은 각 대안이론을 뒷받침하는 증거의 적합성을 판단하면서 논변을 어떻게 하면 보다 타당하게 만들 수 있는지에 대해 이해할 수 있을 것이다.

3 실험 활동 기반의 논변활동

실험 활동 기반의 논변활동은 가설 설정이나 실험 설계 등 탐구 실험 내에서 이루어지는 다양한 상황에 논변활동을 적용한 것이다. 전통적인 과학 수업에서 실험 활동은 이미 짜인 실험 절차를 그대로 따라하여 이미 학습한 개념을 다시 확인하는 방식으로 이루어졌다. 이는 '요리책에 제시된 조리법을 그대로 따라하는' 방식으로, 학생들이 왜 실험을 하며 그 실험을 통해 무엇을 알 수 있는지 생각해볼 기회를 제한한다는 비판을 받아왔다(Tobin, 1990). 즉, 기존의 실험 방식은 학생들이 실험을 통해 직접 수집한 자료를 바탕으로 새로운 지식 주장을 정당화하기 어렵다. 하지만 실험 환경이야 말로 학생들이 직접 자료를 수집하고, 이를 바탕으로 자신의 주장을 정당화하기에 좋은 교수학습 환경이다.

실험 활동 기반의 논변활동은 다양한 탐구활동 상황에서 이루어질 수 있다. 간단한 관찰 실험에서는 결과를 예상하는 논변을 구성하는 형태로 논변활동에 참여하거나 관찰 후 초기 논변을 평가하는 형태로 이루어질 수 있다. 또한 실험을 설계할 때 변인을 통제하면서 논변활동이 일어나도록 수업을 구성할 수도 있다(Ford, 2008). 이 때 실험 활동 기반의 논변활동을 촉진하기 위해서는 학생들의 탐구 활동의 개방성을 높이는 것이 중요하다. 실험 과정을 제시하고 이를 그대로 따르게 하는 탐구에서는 학생들에게 의사결정권이 주어지지 않는다. 따라서 활발한 논의가 이루어지려면 학생들이 변인을 직접 설정하고 다양한 의견을 제기할 수 있도록 활동의 주도권을 넘겨주어야 한다.

그림 2.5은 실험 설계를 활용한 논변 과제를 보여준다(**부록**의 **활동 A-6** 참조). 광합성에 필요한 물질이 무엇인지를 알아보는 이 과제는 실험 준비물과 주제만 제공하고 실험을 학생들이 주도적으로 설계하도록 구성되었다. 학생들은 특정 준비물이 필요한지, 무엇을 변인으로 설정할지, 변인을 어떻게 통제할지 등을 고려하면서 다양한 의견을 제안하고 이를 평가하는 논변활동에 참여할 수 있다. 이 활동지에 제시된 실험 설계만으로 학생들의 논변활동이 구체적으로 어떻게 나타날지 예상하기 어려우며, 학생들의 활발한 논변활동을 보장하지도 않는다. 학생들이 설계한 실험 활동을 토대로 활발한 논변활동이 이루어지도록 추가적인 지원 방안이 필요하다. 예를 들어, 교사는 조별로 구성한 실험 설계를 모아서 게시한 후에 전체 논의에서 학생들로 하여금 가장 타당한 실험 설계에 스티커

[광합성 과정에서 사용되는 것은?]

인지는 광합성이 일어날 때 어떤 물질이 사용되는 것인지 궁금해하다 옆반 친구인 채홍이에게 물어보았다. 채홍이는 이산화탄소가 사용된다는 이야기를 들어본 것 같다고 했고, 이 말을 들은 인지는 사실인지 알아보고 싶어 함께 실험을 해보자고 제안했다. 둘은 함께 과학실에 가서 일단 무엇이 필요할지 살펴보았다.

실험 준비물	■ 기구: 시험관, 스포이트, 알코올램프, 전자저울, 스탠드, 약수저, 깔때기 ■ 재료 및 시약: 물풀(검정말), 증류수, BTB 용액, 알루미늄 포일, 비닐랩 → 어떤 물품이 필요할까요? 실험에 필요하다고 생각하는 것에 동그라미 합시다.

| **그림 2.5** | 실험 설계를 활용한 논변 과제

를 붙이고 왜 그렇게 생각했는지 그 이유를 이야기해보게 할 수 있다. 이는 교사와 학생들이 다 함께 반 전체의 의견을 가시적으로 확인할 수 있는 방법이면서도, 학생들이 여러 실험 설계를 비교해서 검토하고 자신의 의견주장에 대한 정당화를 제시하게 함으로써 활발한 논변활동에 참여하도록 촉진하는 방법이다.

2.3 논변활동 지원 전략

논변활동 수업을 위한 과제를 구성한 후에, 교사들은 실제 수업에서 이를 어떻게 활용할 것인지를 고민하게 된다. 동일한 과제를 사용하는 수업이라 할지라도, 수업에서 교사가 어떤 교수-학습 전략을 사용하는가에 따라 수업의 진행 방향은 완전히 달라진다. 그렇다면 과학 수업에 논변활동을 도입하기 위해서는 어떤 교수-학습 전략을 사용해야 할까?

수업에서 교수-학습 전략의 사용은 수업의 매끄러운 진행을 위해서도 고려되어야 하지만, 이때 학생들의 어떠한 역량을 키워주고자 하는지를 고려할 필요도 있다. 논변활동 수업을 위한 교수-학습 방법을 선택하기 위해서는 이 활동을 통해 학생들에게 필요한 역량이 무엇인지를 파악하고, 학생들이 각 영역에 해당하는 역량을 충분히 계발할 수 있도록 적절한 지원 전략을 활용해야 한다.

과학 수업에서 논변활동에 참여하기 위해서 필요한 역량은 표 2.2에 제시된 바처럼 개념적(conceptual), 인지적(cognitive), 인식적(epistemic), 사회적(social) 측면으로 크게 네 가지 측면에서 논의되었다(Kelly, Drucker, & Chen, 1998; Sandoval & Reiser, 2004). 이는 논변활동에서 학생들이 함께 의미를 구성하며 그들의 개념적 이해를 발달시킬 수 있다는 측면에 주목하고, 그 과정에서 학생들의 추론 과정을 분석하고자 한 연구에서 제안된 것이다(Kelly et al., 1998). 네 측면은 학생들의 실행에서 그 경계를 명확히 구분 지을 수 있는 것은 아니지만, 과학 교육 분야에서 중요하게 다뤄온 측면들이 논변활동에 어떻게 담겨있는지 보여준다. Duschl(2008)은 학생들의 과학 학습 활동을 생산적인 방향으로 촉진하기 위해서는 과학적 추론에서 필요한 개념적 구조와 인지적인 과정, 과학 지식을 발달시키고 평가할 때 사용되는 인식 체계, 지식이 구성되는 사회적인 과정과 맥락을 고려해야 한다고 주장하였다. 또한 위 네 가지 측면의 역량은 과학 교육에서 추구하는 목표(교육부, 2015; NGSS Lead States, 2013; NRC, 2012)와 부합하기도 하여, 그 의의가 더 부각된다(Osborne et al.,

표 2.2 논변활동을 위해 학생들이 갖추어야 할 역량

측면	내용
개념적 측면	해당 주제와 관련된 과학적 내용에 대해 이해함
인지적 측면	증거를 바탕으로 추론하고, 주장에 대해 비판적으로 사고함
인식적 측면	논변의 구성요소와 구소에 대해 이해함
사회적 측면	공동체에서 증거가 어떻게 모아지고 해석되는지 이해함

2004).

따라서 논변활동 수업을 진행하기 위해서는 학생들이 네 가지 측면에서의 역량을 키울 수 있도록 지원하는 교수-학습 전략을 고려해야 할 것이다. 교사는 학생들이 각 측면의 능력을 충분히 키울 수 있도록 적절한 스캐폴딩을 제공해야 한다. 이러한 스캐폴딩을 통해 학생들은 주장을 지지할 수 있는 요소로 증거가 왜 중요한지, 관련 주제에 대한 정확한 과학적 지식은 무엇인지, 나의 논변이 다른 사람과 어떻게 다른지 비판적으로 사고하고, 공동체 내에서 논변이 타당한 기준과 과정에 의해 어떻게 선택되고 해석되는지를 배워야 한다(정주혜, 김희백, 2010). 표 2.3은 개념적, 인지적, 인식적, 사회적 측면에서 이루어질 수 있는 교사의 지원 전략을 정리한 것이다.

1 개념적 측면에서의 지원

학생들은 과학 개념이 필요하지 않은 일상의 논변에서는 근거를 들어 자신의 주장을 잘 제시하다가도, 과학 개념에 대한 이해가 필요한 논변활동에서는 교사나 학업 우수자에게 의존해서 정답을 찾으려고 한다. 학생들이 과학 논변활동 중에 근거를 들어 주장을 정당화하기 위해서는 관련 과학 개념에 대해 다른 학생들과 함께 생각해보는 기회를 제공하는 것이 필요하다. 이와 같은 개념적 측면의 지원을 제공하는 전략 중 하나가 도움카드이다. 도움카드는 학생의 주장을 뒷받침할 수 있는 근거로 사용할 수 있는 자료다. 도움카드에는 통상적으로 지식 주장을 지지하는데 활용 가능한 내용이 포함된다. 하지만 지식 주장을 직접 지지하지는 않지만 논변 구성에 도움을 제공하는 관련 과학 개념도 포함할 수 있다. 학생들은 도움카드의 내용이 과학적으로 옳고 그른지를 판단하는 데만 주안점을 주지 않고, 카드의 내용이 자신들의 주장을 정당화하기에 적합한지를 판단해서 논변을 구성하는데 사용해야 한다.

표 2.3 논변활동 수업을 위한 지원 전략

측면	스캐폴딩 방안
개념적 측면	· 관련 개념을 포함한 도움카드 제공 ⇒ 관련 개념에 대해 함께 생각하도록 함 · 교사의 과학적 개념 지원 ⇒ 소집단 활동, 전체 활동에서 교사의 지원
인지적 측면	· 개인적 논변을 바탕으로 소집단 논의 진행 ⇒ 서로 다른 의견 확인, 논쟁 및 설득 경험 · 다른 학생 의견에 대한 피드백 제공 ⇒ 자신과 다른 의견에 대한 반성 · 반박 가능한 형태의 예시 논변 포함 ⇒ 예시논변에 대한 자신의 의견을 정하고, 상대를 설득할 기회 제공 · 교과서 지식으로 바로 답할 수 없고 다양한 근거 제시가 가능한 과제 제시 ⇒ 다양한 학생들의 의견 제시 가능
인식적 측면	· 일상생활의 내용을 활용한 논변 구성 ⇒ 논변 요소 확인, 논변의 필요성 확인 · 활동지 구조화 (질문, 단서 제공) ⇒ 논변의 구조를 이해하도록 도움 · 과학사 연계 ⇒ 과학 지식 구성 과정을 반영 · 학생들의 소집단 논변 활성화 ⇒ 예시 논변과 동료의 논변이 증거를 바탕으로 주장하는 방법에 대한 모델 역할을 함
사회적 측면	· 소집단 구성: 학습 유형, 성격, 친밀도 고려 · 모둠 규범 정하기, 점검하기(칭찬하기, 순서대로 말하기, 자신의 생각을 말하기 등) ⇒ 학생들의 바람직한 참여를 독려함

그림 2.6는 "발아한 콩과 그렇지 않은 콩 중에서 어느 콩의 건량이 클까"를 결정하는 논변활동 수업(**부록**의 **활동 A-7** 참조)에서 사용될 수 있는 도움카드의 예시이다. 식물은 암소에서 발아 중에 저장 양분을 분해하는 호흡을 하지만, 광합성은 하지 못한다는 개념을 토대로 지식 주장을 정당화하는 과제이다. 그림 2.6에 제시된 도움카드의 내용들은 모두 과학적으로 옳다고 인정된 것이다. 학생들은 "식물은 햇빛이 있을 때 광합성을 한다."라는 카드 내용을 "콩이 싹틀 때는 많은 에너지를 필요로 한다."는 카드 내용에 대해 함께 생각하면서, "빛이 없는 곳에서는 발아한 어린 콩 식물은 광합성을 할 수 없어서 양분을 만들지 못하고, 오히려 싹트면서 에너지를 소모하므로 몸속의 양분이 분해된다. 그래서 건량이 발아하지 않은 콩에 비해 적다."는 결론을 내릴 수 있다. 물론 이 논의과

도움 카드

식물은 광합성 산물을 이동시켜 씨와 열매에 저장한다.	콩 안에는 생장에 사용할 수 있는 양분이 들어있다.
콩이 싹틀 때에는 많은 에너지가 필요하다.	식물은 항상 호흡을 한다.
식물은 햇빛이 있을 때 광합성을 한다.	호흡과정에서 양분이 분해되면 이산화탄소가 발생한다.
식물의 씨에 해당하는 콩은 싹이 터서 어린 식물로 자란다.	식물세포 부피의 80% 이상을 물이 차지한다.

| 그림 2.6 | 논변활동에서 제공되는 도움카드 사례

정에서 다른 카드들도 유용하게 사용될 수 있으며, 도움카드 이외에 교과서와 같은 다른 자료들도 활용될 수 있다.

이처럼 도움카드가 개념적 측면에서 지원을 해줄 수는 있으나, 교사에 의한 개념적 지원 역시 매우 중요하다. 소집단 논변활동이나 전체 학습 논변활동에서 교사가 과학 개념의 옳고 그름을 판단하는 평가자 역할을 하기 보다는, 학생이 가지고 있는 아이디어를 겉으로 표현하게 하고 이에 대해 성찰할 기회를 제공하는 것이 필요하다. 학생의 개념이 과학적으로 인정받는 것과 다른 경우에, 교사는 그 학생의 개념이 다른 학생들의 생각과 어떻게 다른지, 자신의 아이디어로 주장을 잘 정당화할 수 있는지 등을 검토하게 할 수 있다. 이때 논변의 형식적 측면에만 치우지지 않고, 논변활동을 통해 옳은 과학 개념을 학습할 수 있도록 안내하는 역할을 하는 것이 중요하다.

2 인지적 측면의 지원

학생들은 논변활동에서 증거를 바탕으로 추론하고, 대안적 주장에 대해 비판적 사고를 통해 그 타당성을 검토해야 한다. 이와 같은 추론과 비판적 사고는 논변활동에서 핵심적으로 필요한 인지적 요소이나, 이러한 사고를 토대로 해서 증거 기반으로 논변을 구성하는 일은 학생들에게 쉬운 일이 아니다(Sandoval & Millwood, 2005). 다. 따라서 논변활동에서 학생들의 추론을 활성화하려면 인지적 측면의 지원이 이루어질 필요가 있다.

인지적 측면의 지원을 위해서는 우선 과학적 주장의 구성과 이에 대한 평가 기회를 학생들에게 제공해야 한다. 이를 위한 하나의 전략은 개인 논변을 바탕으로 소집단 논변

활동을 진행할 수 있는 글쓰기 틀을 제공하는 것이다. 교수-학습 과정에서 논변 글쓰기 틀을 제공함으로써 학생들이 형식적으로나 내용적으로 논변의 형태를 갖추어 글을 쓰게 하는 원동력을 제공할 수 있다. 개별 글쓰기 틀은 개인의 논변 기록지와 같은 역할을 하게 된다. 학생들은 주장과 근거가 되는 자료를 구체적으로 작성하고 정당화를 하게 함으로써 자신의 사고를 구체화할 수 있다. 이는 앞서 **2-1. 논변활동 수업 설계 시 주요 고려사항** 중 **2 증거와 추론으로 뒷받침되는 주장 구성 요청하기**에서 살펴보았듯이 학생들의 추론을 이끌어내기 위한 지원 역할을 한다. 또한 이후에 진행되는 소집단 논변활동에서는 이러한 글쓰기 틀에 포함된 개인의 논변이 사회적 공간에 드러남과 동시에 학생들로 하여금 상대방의 논변을 평가하면서 비판적 사고에 참여하는 것을 독려할 수 있다(Bereiter & Scardamalia, 1987; Osborne et al., 2004).

그림 2.7는 논변활동 수업(**부록**의 **활동 A-8** 참조)에서 활용할 수 있는 글쓰기 틀의 사례를 나타낸 것이다. 학생들은 '주장 정하기' 과정에서 주어진 대안 주장 중 하나를 선택하고, 증거를 이용하여 자신의 의견을 정당화하면서 과학적 추론을 진행하게 된다. 이후 아래 '모둠 의견 구성하기'에서 학생들은 소집단 논의에 참여하면서 다양한 의견을 접하게 되고, 자신의 생각과 다른 사람의 생각을 비교, 반성하면서 비판적 사고의 기회를 갖게 된다. 이때 개인적 논변이 다양한 형태로 나타나야 학생들은 소집단 논의에서 각 대안에 대한 정당화를 추구한다. 이를 위해서는 교과서의 지식으로 바로 답을 할 수 없고, 다양한 설명이 가능한 과제를 구성해야 한다. 이러한 글쓰기 틀은 그림 2.7에 제공된 형

주장 정하기	저는 바트의 주장에 (찬성, 반대) 합니다. 왜냐하면...
모둠 의견 구성하기	모둠원들과 소집단 토의를 통해 의견을 종합해보자.

| 그림 2.7 | 논변 수업 자료에서 제공된 글쓰기 틀

태가 아니더라도 포스트잇, 전지 등 다양한 형태로 수업 상황에 맞게 변화될 수 있다.

인지적 측면의 지원에 있어서도 교사의 역할은 매우 중요하다. 교사는 학생들의 지식 구성 과정에서 다양한 추론을 이끌어내는 도구로써 질문을 사용할 수 있다(Chin & Brown, 2002; Chin & Osborne, 2008; Chin & Osborne, 2010; Maskill & de Jesus, 1997; Scardamalia & Bereiter, 1992). Chin과 Osborne(2008, 2010)은 학생들의 질문이 인식적 탐침(epistemic probe)으로써 자신의 사고를 드러내고, 선지식을 활성화시키며, 설명을 이끌어내고, 제시된 아이디어를 정당화하도록 촉진한다고 하였다. 설명이나 예측을 하게 하는 질문도 중요하지만, 논변활동에서는 반박을 제시함으로써 인지갈등을 유발하는 질문이 비판적 사고를 잘 지원할 수 있다.

3 인식적 측면에서의 지원

학생들이 논변활동에 참여하기 위해서는 우선적으로 논변이란 무엇인지, 논변의 구성 요소와 구조는 어떠한지를 이해해야 한다. 이와 같은 인식적 측면의 이해를 위해서는 학생들이 과학이 증거를 기반으로 추론하는 과정이라는 것을 인식할 필요가 있다. 학생들은 과학 공동체가 지식을 구성하는 과정에서 논변이 어떤 역할을 하는지를 알아야 하며(Driver et al., 2000; McNiell et al., 2006), 이를 위해서는 논변의 구성 요소를 학습하고 논변활동 전반에 대해 이해해야 함을 알아야 한다. 그러나 과학의 용어를 사용하여 논변을 이해하는 것은 학생들에게 생소할 수 있고, 과학 개념의 어려움이 논변활동에 접근하기 어렵게 만들 수도 있다. 따라서 논변의 요소와 구조에 대한 이해를 위해서는 학생들이 일상생활에서의 문제와 관련지어 쉽게 접근하도록 지원하는 것이 필요하다.

그림 2.8은 일상생활의 문제와 관련지어 논변활동을 구성한 사례이다(**부록**의 A-1 참조). 스마트폰을 사기 위해 어머니를 설득하는 상황은 학생들이 일상에서 흔히 접할 수 있을 법하다. 이러한 주제를 통해 학생들은 학생들이 쉽게 주장을 구성하고 이를 정당화함으로써 논변의 구성 요소를 이해하고 그 필요성에 대해 인식할 수 있을 것이다.

스마트폰 사주세요!

2학년　　반　　번　　모둠
이름 :

설득력 있는 주장을 하려면 어떻게 해야 할까요?
찬열이와 설현이는 스마트폰을 갖고 싶어 한다. 두 학생은 스마트폰을 사달라고 부탁하기 위해 어머니께 다음과 같이 편지를 썼다. 두 편지글을 읽고 아래 물음에 답해보자.

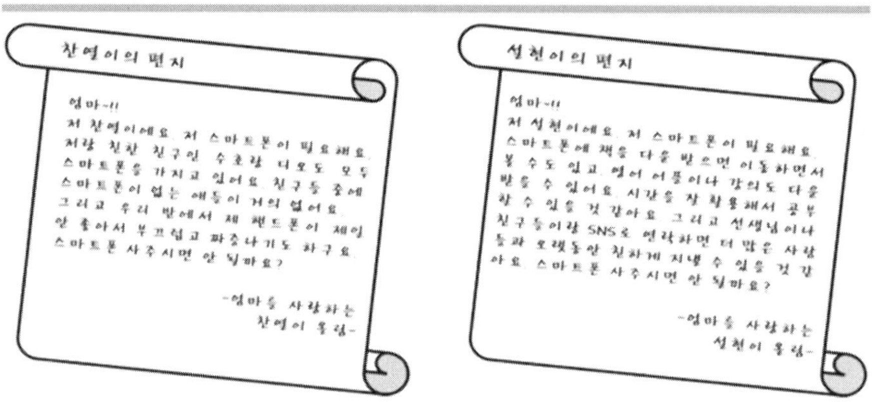

찬열이와 설현이의 편지글에서 자신의 주장과 스마트폰에 관련된 사실(데이터), 주장과 사실을 이어주는 것(정당화)을 각각 찾아서 적어보자.

- 찬열이의 주장:
- 관련된 사실(데이터):
- 주장과 사실을 이어주는 것(정당화):

- 설현이의 주장:
- 관련된 사실(데이터):
- 주장과 사실을 이어주는 것(정당화):

ㅣ그림 2.8ㅣ 일상생활과 관련된 논변활동 사례

4 사회적 측면에서의 지원

사회적 측면에서 학생들을 지원하기 위해서는 학생들이 논변활동에 적극적으로 참여할 수 있도록 개별 학생들의 특성과 친밀도를 고려하여 소집단을 구성하고, 논변활동 관련 소집단 규범이 형성되도록 도와주어야 한다. 학생들에게 잘 구성된 논변활동 교수-학습 자료를 제공한다고 해서 항상 논변활동이 활발히 일어나는 것은 아니다. 논변활동은 다양한 의견이 공존되어 다루어지는 것이 중요하기 때문에, 학생들이 동등한 권위를 가진 환경이 조성되는 것이 중요하다. 따라서 논변활동 수업 시작 전에 소집단 별로 생산적인 논변활동이 일어날 수 있도록 소집단 규칙을 정하고, 수업을 진행하면서 규칙이 지속적으로 지켜질 수 있도록 점검하는 것이 필요하다. 소집단 규칙은 일반적으로 수업 태도와 관련된 '떠들지 않기', '적극적으로 참여하기' 등과 같이 일반적으로 권장되는 규범이 아니라 논변활동과 관련하여 소집단 별 상황과 성향에 맞게 구성되어야 한다<그림 2.9는 실제 학교 현장에서 학생들이 고안한 소집단 규범의 예시이다>.

또한 이러한 소집단 규범이 피상적으로 남지 않도록 하기 위해서는 정기적으로 학생들 스스로 이 규범을 잘 지키는 논의가 이루어지고 있는지, 아니면 처음에 만든 규범에 개선이 필요한지 등을 되짚어보는 반성이 이루어질 필요가 있다(이신영 등, 2016). 자신들이 직접 만든 규범을 중심으로 한 반성 과정에서 학생들은 자신들의 실행을 개선해나갈 뿐만 아니라 자신의 논변활동을 만들어나가는 주체로서 위치하는 기회 또한 가질 수 있을 것이다(이신영 등, 2016).

이밖에도 학생들이 새로운 지식을 구성하는 과정에 참여할 동등한 권위를 가진다는 점을 인식할 수 있는 수업 환경을 조성하도록 노력해야 할 것이다. 이를 위해서 교사가 앞서 언급한 여러 지원 방안들을 적극적으로 활용하여 의도적으로 자신의 인지적 권위자로서의 권한을 낮출 필요가 있다. 또한 모둠 내에서 권위가 높은 학생이 교사와 같은 역할을 취해줄 것을 요청하여, 그 학생이 바로 '정답'을 제시하는 것을 유보하고 다른 학생들의 의견에 귀 기울이도록 장려하는 방법도 있다. 이를 통해 학생들이 논변활동을 '정답 찾기'활동 보다는 다양한 생각을 필요로 하는 활동으로 인식하도록 촉진하고, 논의에 적극적으로 참여하도록 유도할 수 있을 것이다.

1. 논변활동을 할 때 한 번씩 말을 하자.
- 동의하지 않을 때 : 친구의 의견과 다른 내 의견을 말한다.
- 동의할 때 : 동의하는 친구의 말을 자신이 이해한 말로 다시 말한다.
2. 1번의 규칙을 따르지 않는 친구는 벌칙을 수행한다.
3. 다른 친구가 말하는 도중에 끼어들지 않되, 발언권을 얻을 때는 '당근'이라고 말한다.

| 그림 2.9 | 소집단 규칙의 예

참고문헌

교육부(2015). 과학과 교육과정. 교육부 고시 제2015-74호[별책 9].

권지숙, 김희백(2016). 실험 설계에서 나타난 소집단 논변활동 탐색: 활동에 대한 인식적 목표와 인식적 이해를 중심으로. 한국과학교육학회지, 36(1), 45-61.

박소현, 이신영, 김희백(2014). 소집단 과학 논변활동에 대한 협력적 성찰에서 드러난 학생들의 메타인지 발달 탐색. 생물교육, 42(1), 1-15.

박지영, 김희백(2018). 논변활동 중심 과학 수업에서 교사의 반응적 교수 실행 탐색 - 논변의 구조적 · 대화적 측면을 중심으로-. 한국과학교육학회지, 38(1), 69-85.

윤선미 (2016). 생산적 과학 논변활동에서 나타난 소집단 규범의 형성 과정 이해. 서울대학교 박사학위논문.

이신영, 박소현, 김희백(2016). 소집단 논변활동에 대한 협력적 성찰을 통한 중학생들의 소집단 규범과 논변활동 능력 발달 탐색. 한국과학교육학회지, 36(6), 895-910.

이은주, 윤선미, 김희백(2015). 변칙 사례에 대한 과학 영재 학생들의 반응에서 드러난 인식론적 프레이밍과 소집단 논변활동 탐색. 한국과학교육학회지, 35(3), 419-429.

이차은, 김희백(2016). 과학적 모형 구성 과정에서 나타난 사고 질문의 개념적 자원 활성화의 이해 - 인식론적 프레이밍과 위치 짓기 프레이밍을 중심으로-. 한국과학교육학회지, 36(3), 471-483.

이효녕, 조현준, 손정주(2009). 학교과학교육에서의 논증활동 활용에 대한 교사들의 인식. 한국과학교육학회지, 29(6), 666-679.

정주혜, 김희백(2010). 증거 기반 설명 활동이 고등학생들의 논변 수준과 진화 개념에 미치는 영향. 한국생물교육학회지, 38(1), 168-183.

최지혜, 이신영, 김희백 (2014). 소집단 논변활동에서 학습자의 학습접근방식과 지식수준에 따른 사회적 상호작용 양상. 생물교육, 42(4), 371-385.

한문현, 김희백(2017). 모형 구성 과정에서 나타나는 초등학생의 인지, 감정적 반박 - 인식적 감정을 중심으로-. 한국과학교육학회지, 37(1), 155-168.

Bereiter, C. & Scardamalia, M. (1987). The psychology of written composition. Hillsdale, NJ: Lawrence Erlbaum.

Brown, A. L., Ash, D., Rutherford, M., Nakagawa, K., Gordon, A., & Campione, J. C. (1993) Distributed expertise in the classroom. In G. Salomon (Ed.), Distributed cognitions: Psychological and educational considerations (pp. 188 - 228). Cambridge, MA: Cambridge University Press.

Chin, C., & Brown, D. E. (2002). Student-generated questions: A meaningful aspect of learning in science. International Journal of Science Education, 24(5), 521-549.

Chin, C., & Osborne, J. (2008). Students' questions: A potential resource for teaching and learning science. Studies in Science Education, 44(1), 1-39.

Chinn, C., & Osborne, J. (2010). Students' questions and discursive interaction: Their impact on argumentation during collaborative group discussions in science. Journal of Research in Science Teaching, 47(7), 883 - 908.

Driver, R., Newton, P., & Osborne, J. (2000). Establishing the norms of scientific argumentation in classrooms. Science Education, 84(3), 287 - 312.

Duschl, R. (2008). Science education in 3-part harmony: Balancing conceptual, epistemic and social learning goals. Review of Research in Education, 32, 268 - 291.

Ford, M. (2008). 'Grasp of practice'as a reasoning resource for inquiry and nature of science understanding. Science & Education, 17(2-3), 147-177.

Jaber, L. Z. (2015). Attending to students' epistemic affect. In A. D. Robertson, R. E. Scherr, & D. Hammer (Eds.), Responsive teaching in science and mtahematics (pp. 180-206). New York, NY: Routledge.

Jaber, L. Z., & Hammer, D. (2016). Engaging in science: A feeling for the discipline. Journal of the Learning Sciences, 25(2), 156-202.

Jiménez-Aleixandre, M. P. (2008). Designing argumentation learning environments. In S. Erduran, & M. P. Jiménez-Aleixandre (Eds.), Argumentation in science. education (pp. 91-115). Netherlands: Springer.

Kelly, G.J., Drucker, S., & Chen, K. (1998). Students' reasoning about electricity: Combining performance assessment with argumentation analysis. International Journal of Science Education, 20(7), 849 - 871.

Koslowski, B. (1996). Theory and evidence: The development of scientific reasoning. Mit Press.

Maskill, R., & de Jesus, H. P. (1997). Pupils' questions, alternative frameworks and the design of science teaching. International Journal of Science Education, 19(7), 781-799.

McNeill, K. L., Gonzalez-Howard, M., Katsh-Singer, R., & Loper, S. (2017). Moving beyond pseudoargumentation: Teachers' enactments of an educative science curriculum focused on argumentation. Science Education, 101(3), 426-457.

McNeill, K. L., & Knight, A. M. (2013). Teachers' pedagogical content knowledge of scientific argumentation: The impact of professional development on K-12 teachers. Science Education, 97(6), 936-972.

McNeill, K. L., Lizotte, D. J., & Krajcik, J. (2006). Supporting students' construction of scientific explanations by fading scaffolds in instructional materials. The Journal of the Learning Sciences, 15(2), 153-191.

Mortimer, E. F., & Scott, P. H. (2003). Meaning making in secondary science classrooms. Maidenhead, UK: Open University Press.

National Research Council (NRC) (2012). A framework for k-12 science education: Practices, crosscutting concepts and core ideas. Washington, DC: The National Academies Press.

NGSS Lead States(2013). Next Generation Science Standards; National Academy Press: Washington, DC.

Osborne, J., Erduran, S., & Simon, S. (2004). Enhancing the quality of argumentation in science classrooms. Journal of Research in Science Teaching, 41(10), 994-1020.

Phillips, A. M., & Watkins, J., & Hammer, D. (2018). Beyond “asking questions”: Problematizing as a disciplinary activity. Journal of Research in Science Teaching, 55(7), 982-998.

Sampson, V., & Schleigh, S. (2013). Scientific argumentation in biology: 30 classroom activities. Arlington, VA: NSTA Press.

Sandoval, W. A., & Çam, A. (2011). Elementary children's judgments of the epistemic status of sources of justification. Science Education, 95(3), 383-408.

Sandoval, W. A., & Millwood, K. A. (2005). The quality of students’ use of evidence in written scientific explanations. Cognition and Instruction, 23(1), 23 - 55.

Sandoval. W. A., & Reiser, B. J. (2004). Explanation-driven inquiry: Integrating conceptual and epistemic scaffolds for scientific inquiry. Science Education, 88(3), 345-372.

Scardamalia, M., & Bereiter, C. (1992). Text-based and knowledge based questioning by children. Cognition and instruction, 9(3), 177-199.

Stroupe, D., Caballero, M. D., & White, P. (2018). Fostering students’ epistemic agency through the co-configuration of moth research. Science Education, 102, 1176-1200.

Tan, E., & Barton, A. (2007). From peripheral to central, the story of Melanie’s metamorphosis in an urban middle school science class. Science Education, 92, 567-590.

Tobin, K. (1990). Research on science laboratory activities: In pursuit of better questions and answers to improve learning. School Science and Mathematics, 90(5), 403-418.

Yun, S. M., & Kim, H. B. (2015). Changes in students’ participation and small group norms in scientific argumentation. Research in Science Education, 45(3), 465-484.

03 장

자원 관점에서의 논변활동

1장에서는 과학적 논변활동이 무엇이고, 논변활동이 왜 과학자 공동체의 실행을 담은 핵심적인 활동으로 여겨지는지를 알아보았으며, 2장에서는 논변활동을 어떻게 설계하여 과학 수업에 도입할 수 있을지 살펴보았다. 학생들이 적극적으로 논변활동에 참여할 수 있는 환경을 조성하기 위해서는 수업 전에 계획한 논변활동 설계만으로 충분하지 않다. 이 뿐 아니라 교사가 논변활동 중에 학생들과 상호작용을 하면서 지속적으로 지원을 할 필요가 있다. 잘 설계된 논변활동을 제공하더라도, 교사가 전달해주는 지식을 수동적으로 받아들이던 역할에 익숙하던 학생들이 갑자기 적극적으로 논의에 참여하는 것은 어려운 일이기 때문이다.

다음 장에서 다루게 될 반응적 교수법(Responsive teaching)은 교사가 학생들과의 상호작용을 통해 학생들이 자신의 사고를 과학적 지식 구성에 기여할 수 있는 자원으로 여길 수 있게 장려하는 교수 전략이다. 이러한 교수 전략을 이해하고 활용하기에 앞서 학생들의 사고를 어떤 관점으로 고려해왔는지 살펴볼 필요가 있다. 과연 우리는 학생들의 사고를 어떻게 고려해왔으며, 반응적 교수법이 기반을 둔 관점은 그에 비교하여 어떻게 다를까? 교사가 학생들의 사고를 바라보는 관점은 논의에서 제시되는 학생들의 의견에 반응할 때 드러나고, 이런 관점은 학생들에게 전달된다(Coffey et al., 2011; Elby & Hammer, 2010). 그렇기 때문에 교사의 반응에서 드러나는 관점이 어떻게 다른지 이해하는 것은 중요하다.

따라서 이번 장에서는 반응적 교수법이 기반을 둔 관점인 자원 관점이 무엇이고 전통적인 교수 · 학습 방식에서 주로 취해지던 학생들의 사고를 바라보는 관점과 어떻게 다른지를 다루고자 한다. 그리고 실제 논변활동에 나타난 학생들의 담화를 예로 들어 어떻게 학생들의 사고를 파악할 수 있는지 살펴보도록 하겠다.

3.1 학습에 대한 인지적 관점

과학 교육뿐만이 아니라 교육 분야를 연구하는 많은 학자들은 학습에 대해 설명하기 위해 오랫동안 노력해왔다. 학습은 어떻게 일어나는가? 학습자는 학습 과정에서 무엇을 학습하는가? 이러한 질문에 서로 다른 관점에서 답하면서, 학습이 일어나는 과정은 다양하게 설명되어 왔다.

그 중 과학 교육에서 지난 40여 년간 주로 다루어진 학습에 대한 이론 중 하나는 개념 변화(conceptual change)이다. 개념 변화 이론은 개인의 개념(conception)을 인지 구조의 기본 단위로 여기고 학습을 학습자의 개념 변화로 바라본다. 개념 변화에 대해서는 다양한 관점과 입장이 존재하나(diSessa, 2006; Özdemir & Clark, 2007), 학생들이 가진 주관적이고 제한적인 오개념(misconception)을 개념 변화를 통해 과학적인 관점에 부합하는 개념으로 대체해야 한다는 점에 있어서는 공통된 의견을 지닌다(Duit & Treagust, 2003). 이러한 입장을 가진 연구자는 학생들이 가지고 있는 개념이 어떠한지를 파악하고, 이를 인지적인 측면에서 과학적인 개념으로 변화시키려는 접근을 취하고 있다(Novak, 1990).

이러한 개념 변화의 측면에서 개념을 바라보는 관점은 크게 지식을 이론으로서 바라보는 관점(knowledge-as-theory)과 지식이 여러 요소로 구성되어있다고 보는 관점(knowledge-as-elements)으로 구분할 수 있다(Özdemir & Clark, 2007).

1 이론으로서의 지식(knowledge-as-theory)

이론으로서의 지식은 초기의 개념 변화 연구에서 취하던 관점이다. 이 관점은 Kuhn (1970)의 과학 혁명에서 설명하는 지식의 변화와 Piaget의 동화와 조절 과정으로부터 많은 영향을 받았다. 여기서 학습자는 학습할 주제와 관련된 개인적인 개념을 이미 가지고 있으며, 이 개념은 이론과 유사한 성격을 지닌다고 가정한다. 학습자의 인지 구조에 이미 존재하는 개인적인 개념은 선개념(preconception)이라고도 하며, 과학 개념과 다르다는 의미에서 오개념(misconception) 혹은 대체 개념(alternative conception)이라는 용어로 불린다. 개념 변화의 관점에 의하면, 학습자의 선개념 또는 오개념은 새로운 경험과 수업을 통해 과학자들이 가지고 있는 이론에 부합하는 과학적 개념으로 전환되거나 수정되어야 한다. 이 관점에서 개념은 쪼개질 수 없는 하나의 단위로 다루어지며, 개념 변화를 통해 새로운 것으로 대체되거나 수정될 수 있는 단일한 요소로 간주된다(diSessa, 2006; Özdemir & Clark, 2007).

2 요소로서의 지식(knowledge-as-elements)

요소로서의 지식은 앞에서 설명한 이론으로서의 지식과 대조되는 관점으로, 이 관점에서는 학생들의 이해를 준-독립적인(quasi-independent) 요소의 모음으로 묘사한다. 앞서 이론으로서의 지식 관점에서는 학생들이 갖고 있는 직관적인 개념을 학습의 장애물로 여기며 과학자의 관념을 받아들이기 위해 버려야 할 것으로 보았다(diSessa, 2006). 따라서 이론으로서의 지식의 관점에서 개념 변화를 설명하는 것은 학습자가 현재 가지고 있는 지식을 바탕으로 새로운 지식을 구성한다는 구성주의의 기본 원리와 상충된다(오필석, 2015). 이러한 한계점을 극복하기 위해 몇몇 연구자들은 개념을 완전한 인지적 단위로 보지 않고 분절될 수 있는 조각의 형태로 이해해야 한다고 주장한다. 요소로서의 지식 관점에 해당되는 두 이론인 현상학적 기초 요소(p-prims)와 개념직 자원을 동해 이를 더 자세히 설명하도록 하겠다.

가. 현상학적 기초 요소(p-prims)

요소로서의 지식의 관점에서 개념을 설명하는 연구자 중에서 가장 대표적인 이는 diSessa이다. 그는 이론으로서의 지식의 관점을 강하게 비판하면서 학생의 개념 구조가 '조각난 지식(knowledge in pieces)'의 형태라고 주장했다. diSessa(1993)는 학생의 초기 지식 구조가 직접적인 경험을 통해 형성되며, 이론적인 구조를 가지고 있기 보다는 '현상학적 기초 요소(phenomenological primitives, p-prims)'라고 불리는 여러 개의 단순한 요소들로 구성되어 있다고 제안하였다. p-prims는 학습자의 경험, 관찰, 현상의 추상화를 통해 개발될 수 있으며, 이후 학습 과정에서 다양하게 적용되고 조직될 수 있다. 예를 들어, 어떤 물체를 밀면 물체는 그 방향으로 움직인다. 이러한 행동을 통해 '힘은 움직이는 것(Force as a mover)'이라는 p-prim이 생길 수 있다. 이러한 p-prim은 '힘은 물체를 움직이게 하는 원동력이다'는 개념을 형성하는데 사용될 수 있다.

나. 개념적 자원(Hammer, 1995)

Hammer와 그의 동료들은 diSessa의 p-prims를 바탕으로 자원-기반(resources-based)의 관점을 제시하였다(Elby & Hammer, 2001; Hammer et al., 2005). Hammer는 인지 구조 내의 구성 요소가 세분화된(fine-grained) 형태로 존재한다고 주장하면서, 개념적 구성 요소를 '개념적 자원'이라고 명명했다. 개념적 자원은 개인이 일상에서의 경험을 통해 이미 가지고 있는 인지적인 구성 요소로, 어떤 특정한 맥락에서 활성화 되거나 그렇지 않을 수 있다. 이때, 어떤 특정한 맥락에서 활성화된 개념적 자원들은 서로 그물처럼 엮여 새로운 개념을 형성하는 기반이 될 수 있다. 이러한 관점은 학생들이 맥락에 따라 서로 다른 개념을 가진 것처럼 보이는 현상을 보다 논리적으로 설명할 수 있다는 장점이 있다. 개념을 단일한 단위로 보는 관점에서는 맥락에 따라 학생들의 추론이 달라지는 현상을 설명하기가 어렵지만, 자원-기반의 관점에서는 이를 서로 다른 개념적 자원이 활성화된 상태라고 설명할 수 있기 때문이다(오필석, 2015). 또한 자원-기반의 관점은 학생이 이미 가지고 있는 지식을 바탕으로 새로운 지식을 구성한다는 구성주의의 관점에도 부합하며, 수업에서 적절한 개념적 자원이 활성화될 수 있는 맥락을 조성할 때 더 나은 학습 환경을 구성할 수 있다는 교육적 시사점도 제공한다(오필석, 2015; 이차은, 김희백, 2016).

3.2 학습에 대한 인식론적 관점

과학 지식은 자연 현상에 대한 일관성을 지닌 설명을 구성하고 이 현상과 관련된 데이터를 얻어 설명을 정당화함으로써 지식을 고안하는 과학자 공동체의 활동을 통해 발전한다(Giere, 1991). 앞서 살펴본 바에서 알 수 있듯이, 과학적 논변활동은 과학 공동체에서 지식 주장을 제시하고 그 주장을 정당화함으로써 과학 지식을 발전시켜나가는 과정을 잘 반영하고 있다(Driver, Newton, & Osborne, 2000; Nussbaum, Sinatra, & Poliquin, 2008). 과학 교실에 논변활동을 도입했을 때, 학생들 또한 자신의 지식과 경험을 바탕으로 새로운 타당한 지식 주장을 구성하는 실행에 참여하게 된다. 개인의 지식과 앎을 바탕으로 새로운 지식을 발전시켜나가는 과정은 인식론의 측면에서 설명할 수 있으며, 이에 따라 교실에서의 과학 논변활동을 설명하는 많은 연구는 인식론의 관점에서 학습을 설명하고자 하였다(e.g., Berland & Hammer, 2012; Driver et al., 2000; Ryu & Sandoval, 2012). 이번 장에서는 인식론이란 무엇이며, 과학적 논변활동에서 학생의 참여를 인식론적인 측면에서 어떻게 바라볼 수 있는지를 알아보도록 하겠다.

1 인식론(Epistemology)

인식론은 지식(knowledge)과 앎(knowing)의 본성에 대한 생각이다. 인식론은 많은 연구에서 다양한 용어로 사용되었으며 학문 분야에 따라 그 정의는 약간씩 다르지만, 교육심리학자들은 지식의 본성과 앎에 대해 가지고 있는 개인적인 아이디어인 개인적 인식론(personal epistemology)에 주목한다(Sandoval, 2005). 인식론은 개인의 추론과 의사 결정에 영향을 미치기 때문에, 인식론적인 관점에서 학습을 이해하는 것은 중요하다(Kuhn, 1991). 특히 최근 과학 교육은 과학 지식의 학습 결과보다는 학습 과정, 특히 학생들의 실행에서 나타나는 특성에 관심을 두는 방향으로 변화하고 있다(Jiménez-Aleixandre, 2014). 예를 들어 개인의 인식론과 학습 과정을 탐구한 많은 연구들은 인식적 실행 내에서 학생의 인식론적 이해에 따라 그들의 학습의 실행이 다양하게 나타났음을 보여주고 있다(Sandoval, 2005; Scherr & Hammer, 2009). 이러한 변화 속에서 인식론을 바탕으로 개인의 학습을 설명하는 것은 학습 과정을 효과적으로 이해할 수 있게 할 뿐만 아니라 보다 나은 교수 학습 환경을 구성하는데 일조할 수 있다(Duit & Treagust, 2003; Hofer, 2001).

2 인식론에 대한 여러 가지 관점

심리학의 영역에서 초기 인식론에 대한 탐구는 Piaget의 유전적 인식론에 뿌리를 두고 있다(Piaget, 1950). 이는 개인이 세상을 어떻게 알게 되는지에 대한 그의 관심으로부터 출발하였으며, 발달 과정에서 나타나는 학습자와 학습 대상 사이의 관계에서 나타나는 변화를 탐색한 것이다(Hofer, 2001). 이후 인식론을 다룬 많은 연구들을 보면, 지식과 앎에 대해 개인이 가지고 있는 아이디어는 그 용어가 일치되지는 않더라도 지식의 정의에 대한 생각, 어떻게 지식이 구성되고 평가되는지, 어떻게 앎이 생기는지에 대한 내용을 포함하고 있다. 이와 관련된 연구들을 종합하면, 개인적 인식론에 대한 연구 흐름 내에는 크게 세 가지 관점이 존재한다(Hofer, 2001).

- 발달적 관점(developmental models)
- 인식론적 신념의 관점(epistemological beliefs)
- 자원-기반의 관점(epistemological resources)

가. 발달적 관점

발달적 관점은 지식과 앎에 대한 생각이 개인의 개별적인 발달 과정을 거친다고 제안한다. 이러한 관점은 지식의 확실성과 그 근원에 대한 대학생들의 생각 변화와 그들의 학습 전략 사이의 관계를 종단적으로 탐색한 Perry(1970)의 연구로부터 시작되었다(Hofer, 2001; Sandoval, 2005). Perry는 Piaget의 유전적 인식론의 관점을 발전시켜 개인의 인식론적 입장을 4단계로 분류했다<그림 3.1>. Perry는 대학생들이 처음에는 이원론적(dualism) 관점을 가지나, 수업을 받으면서 점차 다수주의(multiplism), 상대주의(relativism), 헌신적 상대주의(commitment within relativism)으로 발달해나간다고 하였다(양미경, 2006). 여기서 이원론(dualistic) 관점을 지닌 학생은 지식이 옳고 그름으로 분명히 구분되다고 믿으며, 권위를 지닌 사람이 전달하는 지식을 절대적으로 믿는다. 이에 비해 다수주의(multiplism) 관점을 지닌 학생은 복합적이고 잠정적인 지식의 특성을 어느 정도 받아들이며, 문제를 해결하는 하나 이상의 해법이 있거나 혹은 해법이 없을 수도 있다고 믿는다. 그 이후 상대주의(relativism) 관점을 지니게 된 학생들은 지식이 불완전하고 상대적이라는 믿음을 가지며, 다양한 관점 중에서 수준의 차이가 존재함을 인식한다. 최종 단계인 헌신적 상대주의(commitment within relativism)에 이르면, 학생들은 상대주의 관점을 가지면서 인식적 주체로서 정당화를 통해 지식을 적극적으로 구성하게 된다. 개별 연구에서 사용된 용어는 다르지만, 이러한 입장을 가진 연구자는 개인적 인식론이 단일하고 통합된 속성을 지니며, 개인의 추론과 앎의 과정이 이원론적인 형태에서 상대주의적인 입장으로 발달할 수 있고, 더 나아가 지식은 정당화를 통해 구성되며 끊임없이 발전될 수 있다고 인식하는 수준까지 도달할 수 있다고 기술하고 있다(Kuhn, 1991; King & Kitchener, 1994).

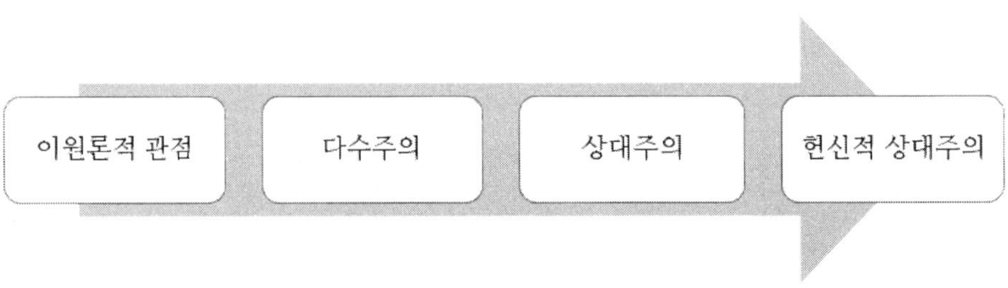

| 그림 3.1 | 개인적 인식론의 발달적 관점

나. 인식론적 신념의 관점

인식론적 신념의 관점은 Schommer(1990)가 제안한 것으로, 이는 개인적 인식론이 단일한 차원이 아닌 여러 개의 차원으로 이루어진 독립적인 신념들의 모음(system of independent beliefs)으로 간주한다. Schommer는 Perry의 연구를 바탕으로 다음과 같은 다섯 가지 차원으로 개인의 인식론을 구분하였다.

- 지식의 안정성 : 지식은 불변하는 것이다 ↔ 지식은 잠정적인 것이다
- 지식의 구조 : 지식은 개별 사실의 집합체이다 ↔ 지식은 통합된 이론체계이다
- 앎의 정당화 : 지식은 권위자가 전달하는 것이다 ↔ 지식은 개별적 추론에 의해 구성된다
- 학습속도 : 학습은 신속하게 이루어진다 ↔ 학습은 점진적으로 발달된다
- 학습능력 : 학습능력은 타고난 것이다 ↔ 학습능력은 발달될 수 있다

Schommer(1990)가 제시한 다섯 가지 척도는 위의 대립되는 입장을 양극단으로 상정하고 개인의 인식론이 어디에 위치하는가에 따라 그 발달 수준을 측정할 수 있도록 하고 있다. 이러한 인식론적 신념의 관점은 개인의 인식론이 통합적으로 발전한다기보다는 각 차원에 따라 서로 다른 변화를 보일 수 있다는 점을 강조하고 있다.

다. 인식론적 자원

개인적 인식론에 대한 최근 연구들은 개인이 맥락에 따라 서로 다른 인식론적 신념을 가진 것처럼 보인다는 결과가 제시되고 있다(Hammer, 1995; Khishfe, 2012; Sandoval & Morrison, 2003). 이러한 연구 결과는 개인적 인식론이 맥락과 관계없이 일반적으로 적용될 수 있는 형태로 존재한다는 인식론적 신념의 관점과 배치된다.

이러한 현상을 설명하기 위해, Hammer와 그의 동료들은 자원-기반(resources-based)의 관점으로 이러한 한계점을 극복하고자 했다. 자원-기반의 관점은 앞에서 설명한 바와 같이, 개인의 인지 구조 내의 구성 요소가 세분화된(fine-grained) 자원 형태로 존재하여, 맥락에 따라 특이적으로 활성화된다는 입장이다. Hammer와 그의 동료들은 이러한 관점을 바탕으로 작게 쪼개진 요소인 인식론적 자원(epistemological resource)으로 개인적 인식론을 설명해야 한다고 주장했다(Hammer & Elby, 2002; Louca et al., 2004). 이러한 입장은 맥락의존적인 인식론의 특성을 기존의 입장보다 더욱 잘 설명할 수 있을 뿐만 아니라, 학습

에 적합한 수업 맥락을 조성하는 것을 통해 학습을 지원할 수 있다는 교육적 함의를 내포한다.

이러한 인식론적 자원을 보다 상세하게 기술하기 위해 Hammer와 Elby(2002)가 제시한 사례를 바탕으로 인식론적 자원에 대해 설명하고자 한다. 이들이 자원-관점에서 제시한 개인의 인식론은 크게 네 가지 범주로 나누어진다. 표 3.1은 인식론적 자원의 범주와 각 범주에 해당하는 자원의 예시를 나타낸 것이다.

표 3.1 인식론적 자원의 범주와 예시(Hammer & Elby, 2002)

범주	인식론적 자원
지식의 본성과 근원	· 지식은 전파되는 것 : 지식은 타인으로부터 전달받은 것 · 지식은 창조되는 것 : 지식은 저절로 떠오르는 것 · 지식은 제작되는 것 : 지식은 추론되거나 발달되는 것
인식론적 활동	· 축적 : 정보를 수용해서 누적하는 활동으로 여김 · 구성 : 지식을 구성하는 활동으로 여김 · 점검 : 지식이 옳고 그름을 점검하는 활동으로 여김
인식론적 형태	· 이야기 : 산출물의 인식론적 형태를 이야기로 여김 · 규칙 : 산출물의 인식론적 형태를 규칙으로 여김 · 노래 : 산출물의 인식론적 형태를 노래의 형태로 여김
인식론적 태도	· 신뢰 : 정보를 신뢰하는 태도를 보임 · 불신 : 정보를 불신하는 태도를 보임 · 의심 : 정보를 의심하는 태도를 보임 · 이해 : 정보를 이해하려는 태도를 보임

① 지식의 본성과 근원 범주에 해당하는 자원

첫 번째 범주인 지식의 본성과 근원에 해당하는 위한 자원은 지식이 어떻게 발생했고 그 지식의 종류가 어떠한 특성을 가지고 있는지에 대한 개인의 이해와 관련된다. Hammer와 Elby(2002)는 어린 아이들에게 몇 가지 질문을 했을 때 그들이 대답하는 방식에 따라 이 범주에 속하는 자원을 구체화하였다. 예를 들어 "지구가 둥글다는 것을 어떻게 알았니?"라고 질문했을 때, 어떤 아이는 "엄마가 알려줬어요."라고 대답할 수 있다. 이 때 이 아이는 지식을 서로에게 전달할 수 있는 일종의 물건처럼 취급했고, 이는 아이에게서 '지식은 전파되는 것(knowledge as propagate stuff)'이라는 자원이 활성화되었기 때문이라고 설명할 수 있다. 이 아이에게 "5×3=15인지 어떻게 알았니?"라는 질문을 한다고 가정하자. 이 아이는 누군가가 알려줬다고 할 수도 있지만 "5를 3번 더해봤더니 15가 되었어요."라고 말할 수 있다. 이와 같은 대답은 아이가 인지적 작업을 잘 처리함으로써 지식을 구성했다는 것을 보여준다. 따라서 아이는 이전 질문과는 다르게 '지식을 제작되는 것(knowledge as fabricated stuff)'이라는 자원을 활성화했을 것이다. 이 외에도 다양한 상황에서 지식의 본성에 대한 여러 종류의 자원이 활성화 될 수도 있다. 예를 들어 상상이나 발명을 통해 개인이 지식을 자유롭게 창작한 것으로 보는 자원(knowledge as free creation), 직접적인 지각을 통해 알 수 있었다는 자원(knowledge as direct perception)과 같은 다양한 종류의 인식론적 자원은 개인이 처한 맥락 내에서 활성화되고 비활성화될 수 있다.

② 인식론적 활동의 범주에 해당하는 자원

두 번째 범주인 인식론적 활동에 해당하는 자원은 지식 생성을 위해 수행하고 있는 활동에 대한 이해와 관련된다. Hammer와 Elby(2002)는 "지금 무엇을 하고 있나요?"와 같은 질문을 제시했을 때 나타날 수 있는 아이들의 대답을 통해 이 범주의 자원을 유추할 수 있다고 설명했다. 이 범주에서 나타날 수 있는 대표적인 자원 중 세 가지는 다음과 같다: 축적(accumulation), 구성(formation), 점검(checking). 축적은 어떤 지식을 생성하기 위해 정보를 검색하거나 수집하는 활동을 유발하는 자원이다. 구성 자원이 활성화되면 아동은 구체적인 지식 조각들을 바탕으로 창조적인 맥락에서 스스로 아이디어를 구성하는 활동을 하게 된다. 점검 자원은 지식을 생산하는 과정에서 확신을 얻기 위해 오류를 발견했을 때의 경험을 바탕으로 다시 정보를 검색하거나 검토하는 활동을 유발한다. Hammer와 Elby는 세 가지 자원 이외에도 이 범주에 속할 수 있는 자원들로 적용(application), 비교(comparing), 분류(sorting), 추가(adding) 등이 나타날 수 있다고 설명했다.

③ 인식론적 형태 범주에 해당하는 자원

세 번째 범주는 인식론적 형태에 해당하는 자원이다. 이 자원들은 인식론적 활동을 통해 만들어질 수 있는 지식 산물이 어떠한 형태여야 하는지에 대한 이해와 관련된다. 지식 산물의 형태가 될 수 있는 이야기(stories), 규칙(rule), 노래(song) 등의 자원이 이 범주에 해당할 수 있다.

④ 인식론적 태도 범주에 해당하는 자원

마지막 범주는 인식론적 태도 범주에 해당하는 자원이다. 아동이 지식 산물을 생산하기 위해 인식론적 활동에 참여하면서, 자신이 얻은 정보에 대해 취하는 태도와 관련되는 자원이다. 아이들은 인식적 활동에 참여하면서 자신에게 주어진 정보를 믿을 수도 있고 믿지 않을 수도 있다. 이러한 태도는 신뢰(belief)와 불신(disbelief)이라는 자원으로 설명할 수 있다. 또한 친숙하지 않은 아이디어를 접할 때 이를 이해(understanding)하려고 노력하기도 하며, 주어진 정보를 그대로 수용(acceptance)하려는 태도를 취하기도 한다. 이와 같은 자원들 중의 어느 것이 활성화되느냐에 따라 인식론적 태도가 달라진다는 것이다.

3 논변활동과 인식론

이전 장에서는 인식론이 무엇인지, 그리고 개인적 인식론에 대한 다양한 관점에 대해서 알아보았다. 그렇다면 구체적으로 논변활동에서 인식론적인 측면을 고려하는 것은 왜 중요한가? 우선, 논변활동은 그 자체로 인식적 실행(epistemic practice)이라고 할 수 있다(Sandoval & Millwood, 2008; Jiménez- Aleixandre, 2014). 여기서 인식적 실행은 특정 공동체의 구성원이 학문적 체계 내에서 지식 주장을 제안하고, 정당화하고, 평가하는 방법이라고 정의할 수 있다(Kelly, 2008). 인식론(epistemology)은 지식의 성장, 증거의 본성, 이론 선택의 기준, 학문적 지식의 구조 등에 대한 생각으로, Sandoval과 그의 동료들(2000)은 개인의 인식론을 '인식적 이해(epistemic understanding)'라고 하면서, 인식적 실행은 이러한 인식적 이해의 발달을 위해 인지적, 담화적 활동에 참여하는 것이라고 하였다. 논변활동은 지식을 구성하기 위해 주장을 정당화하고 평가하는 과정으로서 바로 이러한 인식적 실행에 해당한다고 할 수 있다(Jiménez-Aleixandre, 2014).

과학교육 분야에서 진행된 많은 연구들은 학생들이 작성한 논변 산출물 또는 논변 실행 과정에서 드러나는 상호작용에 초점을 두고 산출된 논변의 인식론적 수준을 분석함으로써 논변활동을 이해하고자 했다(Kelly & Takao, 2002; Sandoval & Millwood, 2005; Sampson & Clark, 2008). 논변활동에서 주장과 증거가 무엇인지, 그리고 어떤 증거가 주장을 뒷받침할 수 있는지, 어떻게 해야 논변을 더 설득력 있게 만들 수 있는지를 고려하는 것은 본질적으로 인식론적인 의문을 불러일으킨다(Sandoval & Millwood, 2008). 더 나아가서 학습자가 실행의 목표를 어떻게 인식하고 있고, 이러한 목표 달성 여부를 어떤 준거로 판단할 수 있는지를 고려하는 것이 중요하다(Sandoval, 2014). 따라서 논변활동을 도입한 과학 수업에서 학생들의 생산적인 참여를 지원하기 위해서는 학생들의 인식론적인 측면에 주의를 기울일 필요가 있다(Berland & Reiser, 2011).

많은 연구들은 학생들의 인식론적인 이해와 논변활동 사이에 어떠한 관련이 있는지를 탐색해왔다. Kuhn(1991)은 개인의 인식론적 이해가 그의 논변적인 추론의 기초가 된다고 주장하면서, 여러 참가자들을 대상으로 일상 문제에 대한 인터뷰를 진행했다. 그녀의 연구에서 보다 수준 높은 인식론적인 이해를 가진 사람은 그렇지 않은 사람보다 발달된 논변 기술을 보였다. 비슷하게, Nussbaum과 그의 동료들(2008)은 학부생들을 대상으로 그들의 인식론적 신념과 논변 수준 사이에 어떤 관련이 있는지를 조사했다. 이때 인식론적으로 다원주의자(multiplists)의 모습을 보이는 학생들보다 평가주의자(evaluativists)적인 학생이 상대방의 의견에 더 비판적인 태도를 보이고 대안적인 아이디어를 제시하는 것으로 나타났다. 또한 Kenyon, Kuhn과 Reiser(2006)의 연구에서도 학생들이 사용한 인식론적 기준에 따라 그들의 논변의 구성이 다르게 나타났다.

최근에는 개인의 인식론이 맥락에 따라 달라질 수 있다는 관점에 따라 복합적 존재로서의 인식론에 초점을 맞춘 연구들이 나타나고 있다(Hammer et al, 2005; Hutchison & Hammer, 2010; Louca et al., 2004). 이에 따라 인식론적인 이해의 맥락 특이적인 역동성을 강조하며, 논변활동에서의 학생들의 인식론적 이해를 탐색한 연구들도 점차 늘어나고 있다(Berland & Hammer, 2012; Berland et al, 2016).

3.3 교실 사례를 통해 살펴본 개념적 자원의 활성화 맥락

앞서 학습에 대한 인지적 관점과 인식론적 관점에 대해 이론적 측면에서 다루었다. 우리는 이와 같이 인지와 인식론에 대한 다양한 관점들 중 어떤 관점에서 학습을 바라보아야 할까? 그리고 이러한 관점을 교실 수업에 어떻게 적용할 수 있을까?

다음 장에서 살펴볼 반응적 교수법은 자원-기반의 관점에서 학생의 인지와 인식론을 다룬다. 학생들이 자신이 갖고 있던 선지식을 바탕으로 새로운 지식을 형성한다는 구성주의의 관점에서 학습을 바라볼 때, 학생들이 기존에 가지고 있는 인지적, 인식론적 이해는 새로운 학습의 기반이 되는 중요한 자원이 될 수 있다. 자원-기반의 관점은 학생이 가지고 있는 개념적 이해와 인식론적 이해를 교사가 학습을 위해 파악해야 할 필수적인 요소로서 바라볼 것을 제안하며, 구성주의 관점과 이어진다. 그렇다면 자원-기반의 관점에서, 교사는 학생들의 자원을 어떻게 끌어내고 이를 수업에 활용할 수 있을까?

이를 위해서는 먼저 학생들의 담화에서 어떠한 자원이 활성화되었는지 포착할 수 있어야 할 것이다. 이번 절에서는 학생들의 자원 활성화를 촉진한 각 과학 수업 맥락에서 학생들의 개념적 자원이 어떻게 활성화 되는지 구체적인 수업 사례를 통해 유추해보고자 한다(이정화, 2016; Shim & Kim, 2018).

1 불확실성이 높은 과제

학생들의 개념적 자원이 활성화될 수 있는 맥락 중 하나는 불확실성이 높은 과제가 주어졌을 때이다. 과제에서 구성해야 할 지식이 학생들이 기존에 갖고 있던 개념적 이해와 바로 직결된다면 다른 학생들과의 논의에 참여할 필요성을 느끼지 못할 수 있다. 이러한 상황에서 학생들이 가진 다양한 개념적 자원이 활성화되기는 어렵다. 여러 대안적 가설 중 하나를 명확하게 선택할 수 없는 상황에 직면했을 때, 학생들은 현상을 다방면에서 탐색해보며 다양한 개념적 자원을 활성화할 수 있을 것이다.

다양한 개념적 자원이 활성화되면서 학생들의 의견은 다양해지고 서로 대립되는 의견이 나타날 가능성이 높아진다. 이때 학생들은 상대방을 설득해야 할 필요성을 느끼게 된다. 상대방을 설득하기 위해서는 다양한 증거를 활용하여 자신의 의견을 정당화하고 상대방의 의견에 반론을 제기해야 한다. 정당화 과정은 과학적 증거를 사용하여 주장을 뒷받침하는 것이기 때문에 학생들은 자연스럽게 자신이 가진 개념적 자원을 활성화시켜 증거로 사용할 수 있게 된다.

앞서 **2장**의 **2-2. 논변활동 교수-학습 방법**에서 **2 대안이론 제시를 통한 논변활**동의 예로 살펴본 논변활동<그림 2.4, **부록**의 A-4>은 이러한 과제의 특성을 보여준다. 이 과제는 사막에서 사는 나무의 뿌리가 두껍고 곧은 이유에 대한 논변을 구성하는 것이다. 이 과제를 해결하기 위해서는 식물의 뿌리, 사막에 대한 이해가 필요하다. 이와 관련된 개념들은 학생들이 일상생활에서도 자주 접할 수 있기 때문에 학생들은 쉽게 자신의 개념적 자원을 활성화시킬 수 있을 것이다. 활동지에는 그러한 개념적 자원을 활성화하였을 때 어느 한 쪽이 무조건적으로 기각되기 어려운 두 주장들이 제시되었다. 논변활동의 이와 같은 설계는 학생들이 풍성하게 추론과 반박을 주고받을 수 있게 촉진한다.

다음 담화는 이 과제를 실제 중학교 1학년 과학 수업에 적용하였을 때 나타난 교실 전체 논의의 일부를 발췌한 것이다. 담화에 참여한 학생들이 어떤 개념적 자원을 활성화하였는지를 파악해보자.

학생A 아, 저는, 뿌리가 긴 이유가, 어, [식물이] 모래에서 서있으려면 모래가 바람에 다 날아가잖아요. 그래서 뿌리가 길어야 지탱이 잘 된다고 생각하기 때문입니다.

교사 거기까지 입니까? 더 다른 이유들은? 네 알겠습니다. 그 다음에.

학생B 어 저는 그 주장 2가 더 맞다고 생각합니다. 사막의 모래는 비가 오면 땅으로 빨리 흡수가 돼요. 그래서 이제 마시려고 하면은 너무 깊이 흡수가 되가지고 이제 물을 마실 수가 없어요. 그렇기 때문에 물을 많이 마시려면 뿌리를 땅 속 깊이 내려야지만 이제 물을 마시고 살 수가 있다고 생각을 해요.

학생C 물을 마시지마~

학생D 저는 지지 작용의 주장이 더 타당하다 생각하고, 사막의 모래는 건조해서 바스러지고 뿌리가 깊은 곳까지 자라있지 않으면 나무를 지지하기 힘들어서, 나무를 지지하지 못하면 나무가 쓰러져서, 나무가 생존을 위해 뿌리를 깊게 내린다고 생각했습니다.

교사 얘들아, 지금 발표자는 지지 작용을 한다고 생각한다고 했는데, 혹시 이 의견에 대한 다른 이견 있니? 반론.

학생E 저요. 보통 뿌리는 그 흙을 딱 잡아가지고 하잖아요. 근데 여기 보면 그냥 하나만 곧고 길잖아요. 그래가지고, 어, 보통 이제 지탱하기 위해서 여러 개가 딱 잡아줘야지 사막에[서] 지탱을 할 수 있는데, [제시된 사진 속 나무의 뿌리는] 하나로 되어있는 거를 보니까 이거는 지탱 작용으로 쓰이지 않을 거라는 생각이 들었어요.

교사 근데 이렇게 하나가 있는 건 지탱을 하는데 유리하지 않다? 네, 좋아요. 지금 이 의견에 대한 반론 있나요? 일어난 친구들 중에.

학생D 저는 저게 좀 말이 안 된다고 생각하는 게, 흙을 애초에 제가 못을 박을 때도 비슷하게 하지만 저희가 이렇게 세 개로 갈라진 못을 쓰지는 않잖아요. 마치 하나의 하나로 이렇게 강하게 못 박아놓은 듯이 박아 버리면요, [못] 같이 뭔가 더 단단하게 되지 않을까 생각이 되네요.

※ 담화에서 사용된 부호

[ ] : 담화와 인터뷰를 바탕으로 연구자들이 유추한 내용으로, 담화 내용의 이해를 돕고자 추가함

( ) : 발화가 아닌 학생들의 행동을 제시함

(…) : 발화 내용이 중략된 부분을 표시함

담화에 참여한 학생들은 사막을 이루는 모래의 특성, 못을 이용한 지지와 같이 자신이 알고 있는 개념을 활용하여 주장을 정당화했다. 특히 모래가 물을 빠르게 투과시킨다거나, 못 박는 사례처럼 뿌리가 흙 속에 단단히 고정된다는 생각을 보자. 이러한 생각은 수업에서 학습한 것이 아니며 학생들이 일상경험을 통해 얻은 자원들이다. 이 담화를 통해 알 수 있는 학생들의 개념적 자원으로는 다음과 같은 것들을 들 수 있다. 이처럼 일상생활과 관련되면서도 어렵지 않은 과학 개념이 포함된 과제로서, 한 가지 정답으로 바로 수렴되지 않는 불확실성이 높은 과제를 제공한다면, 학생들은 자연스럽게 다양한 개념적 자원을 활성화할 수 있다.

· 모래는 바람에 잘 날아간다.
· 사막의 모래는 비가 오면 땅으로 빠르게 흡수된다.
· 사막의 모래는 건조하다.
· 못은 물체를 단단하게 고정할 수 있다.

2 친숙하지 않은 자료를 제시한 과제

학생들의 개념적 자원이 활성화되는 또 다른 맥락으로는 학생들에게 친숙하지 않은 자료를 제공하고 이를 근거로 지식 주장과 추론을 구성하도록 하는 경우를 들 수 있다. 학생들은 교육과정에서 많이 다뤄진 지식과 개념에 대해 친숙함을 느낄 수 있으나, 사실상 그 개념과 관련되지만 흔히 접해보지 않은 자료가 주어졌을 때에는 쉽게 그 지식을 적용하여 주장을 뒷받침하는 추론을 고안하지 못한다. 따라서 학생들은 친숙하지 않은 자료가 제시된 논변활동을 하는 경우에 자료에 대한 이해를 위해 기존에 교사와 교과서로부터 수동적으로 전달받은 지식을 다시 되짚어보며 자신의 개념 자원을 활성화하고 능동적으로 지식을 정교화할 수 있다.

전통적인 교실에서는 학생들은 내용 지식을 많이 알고 있는 학생으로부터 지식을 전달받아 과제를 해결하는 경우가 많다. 그러나 친숙하지 않은 자료가 제시된 과제를 수행할 때, 교과서에 제시된 지식을 많이 암기하고 있던 학생이 자료를 쉽게 해석하지 못하면서 곧바로 답을 제시하지 못하게 된다. 누구도 정답을 쉽게 제시할 수 없는 상황에서 학생들은 함께 자료를 해석하는 과정에 참여하여 협력적으로 추론을 구성하게 된다.

그림 3.26*은 이러한 맥락을 보여주는 사례다. 이 과제는 잎의 단면을 현미경으로 관

어느 쪽이 윗면일까?

1학년 반 번 모둠

이름 :

이수는 사철나무 잎의 단면을 관찰하기 위해 현미경표본을 만들었는데, 위쪽과 아래쪽을 표시해놓지 않아서 위아래를 구분할 수 없게 되었다.

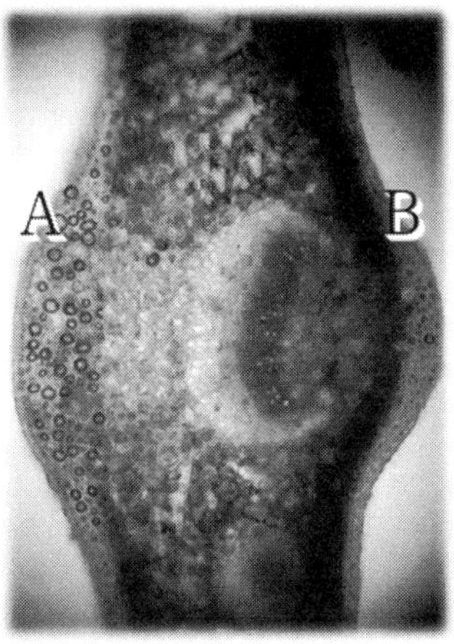

현미경으로 관찰한 모습이 왼쪽과 같다면, 어느 쪽이 윗면 일까?

어느 곳이 위이고, 아래인지를 그림에 표시해보자.

주장을 뒷받침 할 수 있는 근거 찾기	자신이 고른 주장이 옳다고 할 수 있는가? 이를 뒷받침 할 수 있는 근거를 도움카드에서 골라 붙여보자.
근거 있는 주장 만들기	어느 쪽이 윗면일지 근거를 들어 설명해보자.

| 그림 3.2 | 익숙하지 않은 자료를 제시한 과제 사례

찰한 사진을 보여주고 잎의 윗면과 아랫면을 찾도록 한 것이다. 잎 단면 관찰과 잎의 속 구조를 아는 것은 중학교 교육과정에서 중요하게 다루고 있어서, 학생들이 이 과제를 친숙하게 여기기 쉽다. 하지만 실제로 잎 단면을 현미경으로 관찰하기가 쉽지 않아서 잎

6* 사진 자료 참조: 이용구(2008)

단면 사진은 학생들에게 매우 생소할 수 있다. 따라서 학생들은 이러한 잎 단면 사진에서 어느 쪽이 윗면인지를 찾고 이를 정당화하기 위해 자신이 가지고 있는 개념 자원을 활성화시켜야 한다.

다음 담화는 이 과제를 실제 중학교 1학년 과학 수업에 적용하였을 때 나타난 소집단 논의의 일부를 발췌한 것이다(이정화, 2016). 담화에 참여한 학생들이 어떤 개념적 자원을 활성화하였는지를 파악해보자.

학생C　B쪽이 뒷면이라고 생각해요. 왜냐하면 뒤쪽이 기공이 많은 데 여기 엄청나게 큰 기공이 있어요. 그러니까 B쪽이 뒷면이에요.

학생D　무시하고 있다[발언을 하기 전에 '당근'이라는 구호를 외치기로 했는데, 이를 무시했다].

학생A　그건 기공이 아니라. 이게 기공인지 전 잘 모르겠어요.

학생C　겁나 큰 기공이야 이건. 이게 기공 여러 개가 모여 있는 건가?

학생D　당근! 당근이요. 저는 A가 위쪽이라고 생각해요.

학생A　왜요?

학생D　빛이 윗부분에서 먼저 흡수된다고 하면, (…) A가 빛을 흡수하기 때문에 A가 윗면이라고 생각합니다.

학생A　당근! 빛을 많이 흡수하면 더 초록빛을 띨 것 아니야. 그럼 B 아니야? 문제는 또 규칙적인 것 같은 것이 이쪽에 있어.

학생B　아 근데 A가 좀 불규칙적인 것 같은데?

학생D　아니, 잎 표면의 표피세포는 투명해 빛이 잘 통한다. 이거는 표피 세포가 잎 표면이니까 표면 쪽은 거의 윗부분인데, 투명해서 빛이 통과한다 하면 A가 윗면 아니야?

이 담화에 참여한 학생들은 잎의 윗면에 대해 서로 대립된 의견을 가지고 있다. 각각의 학생들은 자신의 주장을 뒷받침하기 위해 이전 시간에 학습하였거나 경험을 통해 알게 된 기공, 표피세포, 울타리 조직 등의 개념을 활성화시켜 증거로 활용하고 있다. 담화에서 활성화된 학생들의 개념적 자원은 다음과 같다.

· 잎의 뒷면에는 기공이 있다.
· 식물의 잎은 빛을 많이 흡수할수록 초록빛을 띤다.
· 울타리 조직은 규칙적으로 배열되어 있다.
· 표피세포는 투명해서 빛이 잘 통과한다.

잎의 단면을 구성하는 조직 세포의 형태와 특성에 관해서는 교과서에 모식도와 함께 글로 기술되어 있어서, 학생들에게 이에 관한 지식은 익숙할 수 있다. 그러나 이 경우에 학생들은 실험을 통해 수집한 실제 자료를 접해본 적이 없으며, 이처럼 낯선 자료를 해석하는데 있어서 그 개념을 적용하도록 요청을 받은 것이다. 학생들은 자료 해석을 통한 주장 제시와 이 주장의 정당화 과정에서 잎의 조직에 관한 다양한 개념을 활성화시켰다. 이처럼 학생들에게 친숙하지 않은 데이터를 제시하는 논변활동은 지식 주장에 대한 정당화 과정에서 학생들의 다양한 개념적 자원을 활성화하도록 장려하는 방안이 될 수 있다.

③ 모둠 구성원이 동등한 인식적 권위를 가지는 맥락

과제의 특성 외에도, 소집단 논의에 참여하는 모둠 구성원들 사이의 관계 또한 개념적 자원을 활성화시키는데 중요하다. 소집단 논의에 참여할 때 학생들은 서로 다른 인식적 권위를 가질 수 있다. 이는 학업 성취도나 사회적인 관계에 따라 결정될 수 있을 것이다. 예를 들어 학업 성취도가 높은 학생은 풍부한 지식을 갖고 있다고 여겨지기 때문에 이 학생의 발언은 다른 학생들보다 높은 권위를 갖게 된다. 학생들의 개념적 자원은 소집단 논의가 활발하게 이루어질 때 활성화될 수 있다. 이를 위해서는 구성원 모두가 동등한 인식적 권위를 가져 서로의 의견에 적극적으로 반응하려는 태도를 갖는 것이 중요하다.

다음 담화는 인식적 권위에 따른 개념적 자원의 활성화를 보여주는 사례이다(이차은, 김희백, 2016).[7*] 담화를 통해 소집단 구성원들이 어떤 개념적 자원을 활성화하였는지를 파악해보자.

학생A	노폐물이 작은 거 거의 다, 작은 거 거의 다 노폐물이니까 여기로 떨어져서 오줌으로 나가고
학생B	반대여야지. 노폐물이 더 물보다 건더기가 크잖아.
학생C	아니 이거는, 이거는 [모세혈관 내 혈액이] 깨끗한 거, 이게[세뇨관의 오줌] 나쁜 거지.
학생B	노폐물이 더 큰 거지
학생A	아~

7* 이번 절에서 소개하는 실제 교실 담화와 그 담화로부터 유추한 인식론적 자원의 활성화에 관한 설명은 이차은, 김희백(2016)의 연구를 바탕으로 한다.

학생C 노폐물이 물보다 크니까..
(…)
학생B 2번이야. 2번이 가벼우니까, 2번일 수도 있어. 가벼우니까
학생D (학생A에게) 아. 빨리 써봐. 그래야 베낄 것 아니야.
학생B 가벼우면 상대적으로 뜨잖아.
학생D (학생B를 가리키며) 쟤 말 믿지 마. 쟤 말 저번에 다 틀렸어.
학생B 풍선은?
학생C 풍선도 뜨잖아.
학생C 크잖아~ 네가 작으면 뜬다며
학생B 작으니까, 밀도가 작을 수도 있지. 그래서 뜰 거 아니야.
학생A 자기력이 있진 않을 거고
학생C 있을 수도 있지.

이 담화에서 학생들은 개념적 자원의 활성화에서 차이를 보였다. 학생A~C 세 학생은 각자의 개념적 자원을 활성화시켜 자신의 주장을 정당화하거나 상대의 의견에 반론을 제기하는 모습을 보였다. 반면 학생D는 논의에서 어떤 개념적 자원도 활성화시키지 않았다. 담화에서 나타난 개념적 자원은 다음과 같다.

· 작은 노폐물은 오줌으로 빠져나간다. (학생A)
· 노폐물은 물보다 입자가 크다. (학생B, 학생C)
· 노폐물은 오줌이 형성될 때 모세혈관을 통과하지 못한다. (학생B, 학생C)
· 밀도가 작으면 위로 떠오른다. (학생B)
· 크기가 작으면 밀도가 작다. (학생B)
· 우리 몸에 있는 노폐물은 자기력이 없다. (학생A)
· 풍선은 위로 뜬다. (학생C)

위 소집단 논의에서 학생들마다 개념적 자원의 활성화가 다르게 나타난 이유는 무엇일까? 수업 후 소집단 활동을 평가하기 위해 이루어진 인터뷰에서 학생들의 인식적 권위의 차이를 파악할 수 있었다.

학생A [실력이] 그냥 보통이었어요, 저희는. 그래서 더 잘 되었어요. 잘 하는 애가 한 명 있으면, 걔 혼자서 그냥 이건 이렇게 하라고 지시 내리면서 혼자 다 할 것 같은데.

학생B [우리 조처럼] 다 같이 모르면, 다 같이 하니까 그게 더 나은 것 같아요.

학생C [우리 조 활동] 잘 됐어요. 의견을 잘 통합해서요. 네 명이서 다른 의견을 내면, 그거로 이야기를 해서 제일 좋은 의견을..

학생D 저는 잘 모르니까.. 자꾸 싸우니까.. 그냥 둘 중에서 제일 심하게 우기는 애 걸로[편을 들어줬어요.]

소집단 구성원들이 서로 다른 학업 성취 수준을 갖고 있었음에도 불구하고 인터뷰에서 학생A~C는 서로의 인식적 권위에 큰 차이가 없다고 느끼고 있었다. 반면 학생D는 자신이 다른 구성원들에 비해 인식적 권위가 크게 떨어진다고 인식하고 있었다. 이는 논변활동에서 구성원들의 인식적 권위가 서로 동등하다고 느낄 때 보다 자신의 개념적 자원을 잘 활성화시킬 수 있다는 점을 보여주는 사례라 할 수 있다.

앞에서 학생들의 다양한 개념적 자원을 활성화시키는 세 가지 맥락을 제시하였는데, 기존 연구 문헌들도 실제 논변활동에서의 담화를 바탕으로 이와 유사한 결과들을 제시하고 있다. 이 세 가지 맥락들은 기존의 과학 교실에서 문제를 풀고 정답을 찾는 과정에서 고착된 학생들 간의 권위 차를 교란시키고, 인식적 권위가 낮은 학생들 또한 논의 과정에 참여할 수 있는 기회를 제공해준다는 공통점을 지닌다. 이러한 맥락들이 조성되어 학생들의 활발한 논변활동을 촉진시킬 수 있기를 기대하며, 다음 단락에서는 인식론적 자원의 활성화 맥락을 더 살펴보도록 하겠다.

3.4 교실 사례를 통해 살펴본 인식론적 자원의 활성화 맥락

이번에는 Shim과 Kim(2018)의 연구에서 제시된 교실 수업 사례를 통해 학생들의 인식론적 자원의 활성화가 어떻게 나타나는지를 설명하고자 한다.[8*] 자원-기반의 관점에서 학생들의 인식론적 자원의 활성화는 맥락에 따라 다르게 이루어질 수 있다. 다음 사례는 중학교 2학년 과학 수업에서 이루어진 한 소집단의 모형 구성활동이다. 모형 구성활동에서 학생들은 특정 자연 현상에 대한 설명 체계를 고안하는 것을 목표로 하는 논의 과정에 참여하게 되며, 그 과정은 여러 대안적 설명들을 제안하고 검토하는 논변활동의 특성

8* 이번 절에서 소개하는 실제 교실 담화와 그 담화로부터 유추한 인식론적 자원의 활성화에 관한 설명은 Shim과 Kim(2018)의 연구를 바탕으로 한다.

비생산적인 논변활동	생산적인 논변활동
• 정확한 답 찾아내기 • 지식을 전달받아 적절히 재생산하기 • 지식은 교사나 교과서에 제시되어 있는 확실 한 것	• 과학 현상을 이해하기 • 스스로 지식을 생산하고 평가하기 • 지식은 어디에서나 올 수 있고 논의와 협력을 통해 구성해 나가는 것

| 그림 3.3 | 비생산적인 논변활동과 생산적인 논변활동

을 지니게 된다. 이 때 학생들이 참여하는 논변활동은 원래의 활동에서 목표로 하는 특성에 부합할 수도, 그렇지 않을 수도 있다. 이 절에서는 학생들이 참여한 논변활동을 그 특성에 따라 비생산적인 논변활동과 생산적인 논변활동으로 구분하고, 각 맥락에 따른 인식론적 자원의 활성화를 알아보고자 한다. 이때 논변활동을 비생산적 또는 생산적이라고 구분하는 기준은 Hutchison & Hammer(2010)에서 제안된 것을 바탕으로 수정한 바에 따르며, 그 구체적인 특성은 그림 3.3에 제시하였다. 비생산적 논변활동은 학생들이 지식을 교사나 교과서가 제시하는 정보의 형태로 전달받기를 원하는 모습으로 대표된다. 이러한 활동에서 학생들은 자신의 역할이 지식을 전달받아 그것을 적절하게 재생산 하는 것으로 여긴다. 이때 학생들은 지식이 교사나 교과서와 같은 인식적 권위자에 의해 인정되었을 때 그 지식의 가치를 인정한다. 반면 생산적인 논변활동에서 학생들은 과학 현상을 이해하는 것을 목표로 삼고, 이를 위해 스스로 지식을 생산하고 논의를 통해 그 지식의 타당성을 평가하게 된다. 사례에서 제시하는 소집단은 비생산적인 논변활동과 생산적인 논변활동에서 나타날 수 있는 특성을 모두 보여주었다. 앞으로 각각의 사례에서 학생들의 인식론적 자원의 활성화가 어떻게 달라질 수 있는지에 대해 설명해보고자 한다.

1 비생산적인 논변활동이 일어났을 때의 인식론적 자원의 활성화

이 사례는 중학교 2학년 과학 수업에서 이루어진 사람의 배설에 대한 모형 구성 수업의 1차시에서 나타난 것이다. 1차시 수업의 목적은 배설 경로에 대한 사전 모형을 구성하는 것이었다. 이 수업은 학생들이 '사람의 배설'에 대해 학습하기 전에 세포에서 만들어진 노폐물이 몸 밖으로 어떻게 빠져나갈 수 있는 지를 설명하고, 이를 인체의 모습이 그려진 전지에 그림으로 표현하는 활동이 포함되어 있다. 아래 담화는 '우리 모둠의 모형 만들기' 활동을 수행하는 과정에서 한 소집단에서 나타난 대화 중 일부에서 발췌된

것이다.

학생A	(잇는 제스처를 취하며) 이어. 나머지는 다 생략해도 이것만 이어.
학생B	이렇게?
학생A	어, 이어. 그 다음에, (곡선을 그린 뒤) 이렇게, 신장을 그려.
학생B	어떻게?
학생A	콩팥 두 개를 그려.
학생C	어떻게 그려?
학생A	(손가락으로 콩팥을 그리는 제스처) 이렇게. 강낭콩처럼 생겼다니까.
학생D	찌그러진 공 모양
학생A	(콩팥을 직접 그리며) 이렇게...

위 담화에서 나타난 것처럼 이 소집단에서 학생A는 지속적으로 다른 학생들에게 지시를 내렸고, 다른 학생들은 학생A의 결정을 그대로 따랐다. 다른 학생들은 모형을 구성하는 과정에서 학생A의 의견을 평가하거나 이를 이해하려는 시도조차 하지 않았고, 단지 학생A의 지시를 확인하고 그 의도를 파악하는데 집중했다. 이에 따라 소집단에서 구성한 모형은 학생A가 개인적으로 구성한 모형을 그대로 소집단 활동지에 옮겨놓은 형태가 되었다.

학생들은 이와 같은 참여로 자신의 지식 구성이나 지식에 대한 정당화를 하기 어렵다. 따라서 이 소집단의 학생들은 논변활동에 비생산적으로 참여하였다고 할 수 있다. 위와 같은 비생산적 담화에서 나타난 학생들이 어떤 인식론적 자원을 추론해보면 다음과 같다.

- 지식은 전파되는 것 : 학생들은 학생A으로부터 지식이 전달되는 것으로 인식하고 있다. (지식의 본성과 근원 범주에 해당하는 자원)
- 축적 : 학생들은 학생A가 제공한 지식 조각들을 모으는데 초점을 두고 있다. (인식론적 활동 범주에 해당하는 자원)
- 수용 : 학생들은 학생A의 의견에 의심을 가지지 않고, 그가 제시한 정보를 그대로 수용한다. (인식론적 태도 범주에 해당하는 자원)

1차시 수업에서 이 소집단의 학생들은 위와 같은 인식론적 자원을 활성화하고 비생산적인 참여를 보였지만, 이들의 인식적 실행이 항상 비생산적인 것은 아니었다. 다음 사례에서는 동일한 소집단에서 생산적인 논변활동이 일어났을 때 학생들의 인식론적 자원의 활성화가 어떻게 변화되었는지를 살펴볼 것이다.

2 생산적인 논변활동이 일어났을 때의 인식론적 자원의 활성화

다음 사례는 앞에서 제시한 동일한 소집단이 4차시 수업 참여에서 나타낸 담화이다. 4차시 수업에서 학생들은 서로의 의견에 적극적으로 반응하면서 1차시와는 다른 인식론적 자원의 활성화를 보여주었다.

학생B	시작, 시작, 시작해볼까? (학생A에게) 그렇게 생각한 이유는? 그 이유가 뭐야?
학생A	포도당은..아..요소는.. (프린트를 보며 고민한다)
학생C	A야. 잠깐만 프린트 좀
학생A	모세혈관.. 세뇨관 안에 있는 요소들이 같이 긁혀 나간 건 아닐까? 모세혈관에서 들어오기엔 너무 양이 적어. 모세혈관(확신 없는 작은 목소리로)
학생B	그럼, 갑자기 60배, 60배가량이 어떻게 늘어나? 모세혈관에서.
학생A	아니면, 여기 가면서 모세혈관에서 요소가 세포질 쪽으로 [이동]해가지고..
학생C	요소가 뭐지? 요소가 뭐지?
학생A	어?
학생C	요소가 뭐냐고.
학생A	요소가 뭐냐면, 암모니아 덩어리야.
학생B	아...여기 U1에서 U2로 가면서 중간에 요소가 잘 번식할 수 있는 조건이, 조건을 만들어주는 거 아냐? 조건이?
학생A	요소가 번식하는 건 말이 안 돼. 하하핫. 생명체가 아니라서.
학생D	요소가 아예 암모니아 덩어리야? 냄새 심하지 않을까?
학생A	아니. 암모니아 덩어리라고 하기 보다는 암모니아가 희석된 거야.
학생D	냄새가 안 나?
학생A	냄새 나겠지. 근데 강하지가 않지, 독성이. 모세혈관에서 들어오기보다는, 이게 갑자기 커진 건 아닐까?
학생C	커져라!
학생A	좁은 틈을 나오려면.
학생C	갑자기 커지는 건 아닌 것 같은데.

활동의 시작에서 1차시와 마찬가지로 학생들은 학생A에게 답을 요청했다. 그러나 학생A는 즉각적으로 답을 제시하지 못하고 고민에 잠긴 모습을 보여주었다. 이러한 모습은 다른 학생들이 학생A가 답을 알지 못한다는 점을 인식할 수 있게 해주었고, 이에 따

라 소집단의 모든 학생이 모형을 구성하는 과정에 기여하기 시작했다. 학생들은 학생A의 주장에 의문을 가졌고, 관련 개념을 이해하기 위해 적극적으로 질문했으며, 때로는 새로운 아이디어를 제기하기도 했다. 이전의 1차시와는 달라진 소집단의 참여 양상은 소집단의 학생들이 이전의 모형 구성과는 다르게 활동을 바라보고 있다는 점을 보여준다. 학생A의 답에 의존하던 1차시와는 달리, 학생들은 학생A의 주장에 반박하거나 의구심을 제기하는 등, 그대로 의견을 받아들이지 않고 자신의 아이디어를 제시하고 평가하면서 적극적으로 참여하는 모습은 생산적인 인식적 실행이 나타나고 있음을 보여준다. 아래에 제시된 내용은 소집단 담화를 바탕으로, 이 소집단의 학생들에게서 활성화된 인식론적 자원을 추론한 것이다.

· **지식은 제작되는 것** : 학생들은 학생A가 답을 모른다는 것을 인식하고 스스로 지식을 제작해야 하는 것으로 인식하고 있다. (지식의 본성과 근원 범주에 해당하는 자원)
· **구성** : 학생들은 오줌에서 요소의 농도가 증가한 이유를 설명하기 위해 협력한다. (인식론적 활동 범주에 해당하는 자원)
· **축적** : 학생들은 소집단의 설명을 형성하기 위해, 요소의 농도가 증가한 이유를 설명하기 위한 기작들을 축적하여 제시한다. (인식론적 활동 범주에 해당하는 자원)
· **평가** : 학생들은 기존에 알고 있던 지식과 가장 잘 부합하는 모형을 구성하기 위해 서로가 제안한 기작을 평가한다. (인식론적 활동 범주에 해당하는 자원)

이 사례에서 제시한 소집단의 담화는 과학 모형 구성과정에서 학생들이 맥락에 따라 활동을 다르게 인식하고 서로 다른 인식론적 자원을 활성화할 수 있었다는 것을 보여준다. 학생들은 1차시 수업을 과학 성취도가 높은 학생A에게 의존해서 과학적으로 옳은 답을 작성하는 것으로 인식하였고, 그 곳에서 전파된 지식, 축적, 수용과 같은 인식론적 자원을 활성화하였다. 이에 따라 소집단의 모형 구성은 학생A가 생각한 개인적인 모형을 그대로 받아쓰는 형태로 나타났다. 이러한 자원의 활성화는 4차시의 모형 구성의 시작에서도 이어졌지만, 학생A가 정답을 알지 못한다는 것을 인식하게 되면서 학생들은 빠르게 이 활동을 생산적인 인식적 실행으로 바라보기 시작했다. 그러면서 그들이 활성화한 인식론적 자원도 구성된 지식, 형성, 추가, 평가로 전환되었다.

종합해보면, 이 사례에 제시된 소집단의 학생들은 다양한 논변활동에 참여하면서 각기 다른 인식론적 자원을 활성화시킬 수 있었다. 학생들은 자신이 처한 맥락에 따라 참여하는 활동을 다르게 인식하였으며 이에 따라 활동의 양상은 달라졌다. 그렇다면 이러한 인식 변화는 어떻게 이루어질 수 있을까? 그리고 교사는 학생들이 생산적인 논변활동으로 활동을 인식하는데 어떤 도움을 줄 수 있을까? 다음 장에서 우리는 이에 대한 교수적인 지원의 하나로 반응적 교수법을 제안하고자 한다.

참고문헌

양미경(2006). 학습자의 인식론적 신념: 연구의 동향과 과제. 열린교육연구, 14(3), 1-25.

오필석(2015). 대안적 인지 이론으로서 '자원 기반 관점'에 대한 이론적 고찰과 시험 적용. 한국과학교육학회지, 35(6), 971-984.

이용구(2008). [사철나무잎 관다발] 사철나무 잎 단면에서 물관과 체관은 어디일까? 2013년 6월 17일 접속, http://yonggulee.egloos.com/1732774.

이차은, 김희백(2016). 과학적 모형 구성 과정에서 나타난 사고 질문의 개념적 자원 활성화의 이해 - 인식론적 프레이밍과 위치 짓기 프레이밍을 중심으로-. 한국과학교육학회지, 36(3), 471-483.

이정화(2016). 과학 논변활동에서 소집단 학생들의 생산적인 실행 이해: 인식론적 자원 관계망의 변화를 중심으로. 서울대학교 석사학위논문.

Berland, L. K., & Hammer, D. (2012). Framing for scientific argumentation. Journal of Research in Science Teaching, 49(1), 68-94.

Berland, L. K., Schwarz, C. V., Krist, C., Kenyon, L., Lo, A. S., & Reiser, B. J. (2016). Epistemologies in practice: Making scientific practices meaningful for students. Journal of Research in Science Teaching, 53(7), 1082-1112.

Berland, L. K., & Reiser, B. J. (2011). Classroom communities' adaptations of the practice of scientific argumentation. Science Education, 95(2), 191-216.

Coffey, J. E., Hammer, D., Levin, D. M., & Grant, T. (2011). The missing disciplinary substance of formative assessment. Journal of research in science teaching, 48(10), 1109-1136.

diSessa, A. A. (1993). Toward an epistemology of physics. Cognition and instruction, 10(2-3), 105-225.

diSessa, A. A. (2006). A History of Conceptual Change Research: Threads and Fault Lines. New York, NY, US: Cambridge University Press.

Driver, R., Newton, P., & Osborne, J. (2000). Establishing the norms of scientific argumentation in classrooms. Science Education, 84(3), 287-312.

Duit, R., & Treagust, D. F. (2003). Conceptual change: A powerful framework for improving science teaching and learning. International journal of science education, 25(6), 671-688.

Elby, A., & Hammer, D. (2001). On the substance of a sophisticated epistemology. Science Education, 85(5), 554-567.

Elby, A., & Hammer, D. (2010). Epistemological resources and framing: A cognitive framework for helping teachers interpret and respond to their students' epistemologies. Personal epistemology in the classroom: Theory, research, and implications for practice, 409-434.

Giere, R. N. (1991). Understanding scientific reasoning (3rd ed.). Forth Worth, TX: Holt, Rinehart & Winston.

Hammer, D. (1995). Student inquiry in a physics class discussion. Cognition and Instruction, 13(3),

401-430.

Hammer, D., & Elby, A. (2002). On the form of a personal epistemology. Personal epistemology: The psychology of beliefs about knowledge and knowing, 169-190.

Hammer, D., Elby, A., Scherr, R. E., & Redish, E. F. (2005). Resources, framing, and transfer. Transfer of learning from a modern multidisciplinary perspective, 89.

Hutchison, P., &Hammer, D. (2010). Attending to student epistemological framing in a science classroom. Science Education, 94(3),506-524.

Hofer, B. K. (2001). Personal epistemology research: Implications for learning and teaching. Educational Psychology Review, 13(4), 353-383.

Jiménez-Aleixandre, M. P. (2014). Determinism and underdetermination in genetics: Implications for students' engagement in argumentation and epistemic practices. Science & Education, 23(2), 465-484.

Kelly, G. J. (2008). Inquiry, activity and epistemic practice. In R. A. Duschl & R. E. Grandy (Eds.), Teaching scientific inquiry: Recommendations for research and implementation (pp. 99 - 117). Rotterdam: Sense Publishers.

Kelly, G. J., & Takao, A. (2002). Epistemic levels in argument: An analysis of university oceanography students' use of evidence in writing. Science education, 86(3), 314-342.

Khishfe, R. (2012). Relationship between nature of science understandings and argumentation skills: A role for counterargument and contextual factors. Journal of Research in Science Teaching, 49(4), 489-514.

King, P. M., & Kitchener, K. S. (1994). Developing Reflective Judgment: Understanding and Promoting Intellectual Growth and Critical Thinking in Adolescents and Adults. Jossey-Bass Higher and Adult Education Series and Jossey-Bass Social and Behavioral Science Series. Jossey-Bass, 350 Sansome Street, San Francisco, CA 94104-1310.

Kuhn, D. (1991). The skills of argument. Cambridge University Press.

Kuhn, T. S. (1970). The structure of scientific revolutions. Chicago, IL: University of Chicago Press.

Louca, L., Elby, A., Hammer, D., & kagey, T. (2004). Epistemological resources: Applying a new epistemological framework to science instruction. Eductaional Psychologist, 3(1), 57-60.

Novak, J. D. (1990). Concept mapping: A useful tool for science education. Journal of research in science teaching, 27(10), 937-949.

Nussbaum, E. M., Sinatra, G. M., & Poliquin, A. (2008). Role of epistemic beliefs and scientific argumentation in science learning. International Journal of Science Education, 30(15), 1977-1999.

Özdemir, G., & Clark, D. B. (2007). An Overview of Conceptual Change Theories. Eurasia Journal of Mathematics, Science & Technology Education, 3(4).

Perry, W. G. (1970). Forms of Intellectual and Ethical Development in the College Years: A Scheme, Holt, Rinehart and Winston, New York.

Piaget, J. (1950). The psychology of intelligence. London: Routledge & Paul.

Ryu, S., & Sandoval, W. A. (2012). Improvements to elementary children's epistemic understanding from sustained argumentation. Science Education, 96(3), 488-526.

Sampson, V., & Clark, D. B. (2008). Assessment of the ways students generate argument in science education: Current perspectives and recommendations for future directions. Science Education, 92(3), 447-472.

Sandoval, W. A. (2005). Understanding students' practical epistemologies and their influence on learning through inquiry. Science Education, 89(4), 634-656.

Sandoval, W. A., & Millwood, K. A. (2008). What can argumentation tell us about epistemology. In S. Erduran & M. P. Jimenez-Aleixandre (Eds.), Argumentation in science education: Perspectives from classroom-based research (pp. 71-88). Dordrecht, The Netherlands: Springer.

Sandoval, W. A., & Morrison, K. (2003). High school students' ideas about theories and theory change after a biological inquiry unit. Journal of research in science teaching, 40(4), 369-392.

Scherr, R. E., & Hammer, D. (2009). Student behavior and epistemological framing: Examples from collaborative active-learning activities in physics. Cognition and Instruction, 27(2), 147-174.

Schommer, M. (1990). Effects of beliefs about the nature of knowledge on comprehension. Journal of educational psychology, 82(3), 498.

Shim, S. Y., & Kim, H. B. (2018). Framing negotiation: Dynamics of epistemological and positional framing in small groups during scientific modeling. Science Education, 102(1), 128-152.

04 장

과학적 논변활동에서의 반응적 교수

앞서 학생의 사고를 지식 구성에 기여할 수 있는 자원으로서 바라보는 학습 관점을 알아보았다. 그리고 실제 논변활동 수업 사례를 바탕으로 학생들의 논의로부터 어떠한 자원의 활성화가 드러나는지 분석해보았다. 이번 장에서는 앞의 논의를 바탕으로 하여, 자원 관점을 기반에 두고 학생들이 지식 구성의 중심에 자리할 수 있도록 반응할 것을 추구하는 반응적 교수법을 구체적으로 알아보도록 하겠다. 교사는 학생들의 실행으로부터 포착한 바를 바탕으로 어떻게 반응해줄 수 있을까?

4.1 자원 관점에서의 반응적 교수 실행

「 "내가 제안 하나 해도 될까? 지금 너희는 이 수많은 자료들을 보고 무슨 의미인지도 모르는 용어들을 사용하고 있잖아. 모형을 만들어내려고 그러는 거면, 그게 딱히 너희한테 도움이 되진 않을 거야. 그러니까 너희가 아는 것에서부터 시작해봐, 여기 자료에서 뭐라고 하는지 말고."(Rosenberg et al., 2006, p. 272) 」

위 발화는 암석의 순환을 나타내는 모형을 만드는 활동을 진행하던 학생들에게 교사가 제안한 말이다. 학생들은 교실에 설치된 카메라들에 정신이 팔려있었고, 활동지에 정보를 받아 적기 바빴다. 교사는 이런 학생들의 모습을 보고 위와 같이 말한 것이다. 교사가 한 말을 살펴보자. 교사는 학생들의 실행을 어떻게 해석한 것일까? 교사가 만약에 학생들이 주어진 질문에 집중하지 못하고 있다고 해석했다면 '차분히 질문에 집중해보자'라고 조언했을 것이다. 혹은 학생들이 화성암, 변성암, 퇴적암 등의 개념을 이해하지 못했다고 해석했다면, 잠시 학생들의 활동을 중단시키고 학생들에게 각 개념을 설명해주었을 것이다. 하지만 위 발화에서 교사는 학생들이 모형을 구성하기 위해 어디에서 아이디어를 가져오면 좋을지를 제안하고 있다. 이러한 교사의 발화로 볼 때, 교사는 학생들이 잘 이해하지 못한 과학 지식에서 출발해서 모형을 구성하려 했다고 해석한 것이라고 유추할 수 있다.

학생들이 과학 수업에서 직접 지식을 구성해볼 수 있도록 지원하고자 반응적 교수법(responsive teaching)이 제시되었다. 반응적 교수법은 위 발화처럼 본 것처럼 학생들의 아이디어를 과학 지식 구성의 출발점이자 자원이라는 관점으로 보고 있다(Hammer, Goldberg, & Fargason, 2012; Levin, Hammer, & Coffey, 2009; Pierson, 2008; Thompson et al., 2016). 위 예시에서처럼 본 것처럼, 교사가 과학 수업을 어떤 상황으로 여기고 있는지, 그리고 학생의 실행에서 어떤 측면에 주목하는지에 따라 학생들의 실행을 다양하게 해석할 수 있다. 이에 교사가 학생의 사고를 어떠한 것으로 바라보고 학생들의 학습을 어떻게 지원하는지를 논하기 위해 Pierson(2008)은 교사의 '반응성(responsiveness)'에 주목했다. 여기서 반응성은 "수업 중 담화에서 교사가 학생들의 아이디어를 '받아들이는 것(take up)'"으로 정의된다. 이때 '받아들인다'는 말은 학생들의 생각이 과학적 지식을 구성하는 과정에서 가치 있게 활용될 수 있음을 인정한다는 의미이다. 이처럼 반응적 교수법에서는 학생들이 어떤 생각을 갖고 있는지 포착하고 이를 지식을 구성하는 논의의 장에서 자원으로 활용할 수 있도록 지원하는 교사의 역할을 강조한다. 그렇다면 자원 관점에 바탕을 둔 반응적 교수법은 구체적으로 학생의 사고를 어떻게 바라보고 있으며, 어떻게 이들의 지식 구성 과정을 지원해주는지 살펴보도록 하자.

1 자원 관점에서의 반응적 교수 실행 개요

학생의 사고를 이끌어내고 그 사고에 반응하는 교사의 실행을 생각해보자. 이 과정은 매우 순간적으로 일어나면서도 여기에 무수히 많은 요인들이 작용하기 때문에, 이 과정을 일련의 순서로 일반화하여 나타내기 어렵다(Jacob, Lamb, & Philipp, 2010). 따라서 반응적 교수 실행에서 포착한 세부적 특성은 연구자들마다, 또한 연구 맥락마다 다양할 수밖에 없다(e.g. Jacobs et al., 2010; Kang & Anderson, 2015; Robertson et al., 2015). 이러한 여러 연구들에서 제시된 내용을 토대로 반응적 교수의 전반적인 특성을 그림 4.1과 같이 제시할 수 있다(하희수, 이영미, 김희백, 2018). 이 모델에 따르면 반응적 교수 실행은 다음과 같은 단계들로

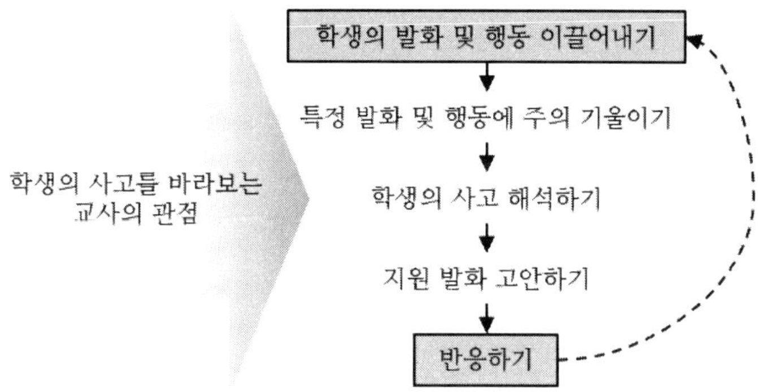

| 그림 4.1 | 반응적 교수 실행 모식도(하희수, 이영미, 김희백, 2018)

설명된다.

- 학생의 발화 또는 행동을 이끌어내기(eliciting): 학생의 사고를 파악하기 위한 질문을 통해 학생의 발화나 행동을 이끌어낸다.
- 학생의 발화 또는 행동에 주의를 기울이기(attending): 교사는 교수학습 과정에서 학생들이 행하는 모든 발화와 행동을 전부 다 인식할 수 없으며, 과학 수업을 바라보는 자신의 관점에 따라 학생들의 특정 발화나 행동만을 인식하게 된다.
- 학생의 사고 해석하기(interpreting): 교사는 자신이 인식한 학생의 발화나 행동으로부터 학생이 어떤 생각을 하고 어떻게 활동에 참여하고 있으며 왜 그러한지를 해석한다. 이때 교사는 자신의 관점에 따라 학생의 사고를 서로 다르게 해석한다.
- 지원 발화 고안/반응하기(responding): 교사가 포착한 학생의 사고 또는 참여 양상 등을 바탕으로 학생들의 과학적 지식 구성이 이루어지도록 지원하는 일은 매우 중요하다. 이때 교사의 지원 발화 고안과 반응은 거의 동시에 이루어지므로 평소에 자신의 수업 중 발화가 학생의 사고 지원을 하는지를 성찰할 필요가 있다.

2 학생의 사고를 해석하는 여러 가지 관점

반응적 교수법은 교사가 학생들의 생각을 과학적으로 "옳은지" 여부만이 아닌 다른 관점에서도 바라볼 수 있다는 가능성을 전제로 한다. 여기서 교사가 지닌 다른 관점이 무엇인지를 좀 더 알아보자. 교사는 과학 수업에서 과학 개념과의 일치 여부에만 초점을 두지 않고 앞서 3장에서 살펴본 바처럼 학생들의 사고를 새로운 지식 구성에 기여할 수 있는 자원으로 바라볼 수 있다. 이러한 관점을 지닌 교사는 학생들이 자신의 사고를 바탕으로 과학적 지식을 구성할 수 있도록 지원할 수 있다. 그렇다면 서로 다른 관점을 지닌 교사들은 구체적으로 학생들의 사고에 대해 어떻게 이야기할까? 이 질문을 다룬 Rosebery, Warren과 Tucker-Raymond(2016)의 연구를 살펴보도록 하자.

Rosebery와 그의 동료들(2016)은 초임 교사들의 수업을 분석하여 학생의 사고를 해석하는 교사의 관점을 다음과 같이 크게 세 가지로 구분하였다. 이때 교사가 학생의 생각을 무엇으로 보고 있는지, 어떠한 형태로 묻고 반응하는지에 기초하여 분석하였다.

가. 학생의 사고를 '학습 과정에서 문제가 되는 것'으로 여기는 관점

이 관점에서 교사는 '학생의 사고가 주제에서 벗어나서', '완벽하지 않아서', '틀려서', '사용한 용어가 틀려서' 학생의 사고를 문제로 여겼다. 연구자들은 교사의 관점이 잘 드러난다고 생각하는 수업 영상을 토대로 교사와 인터뷰를 진행했는데, 다음과 같은 교사의 인터뷰 응답에서 교사의 이러한 관점이 잘 드러난다.

> "[Ilana는] 자기가 어떻게 말해야 할지, 어떤 용어를 사용해야 할지 고민하고 있었고, 적절한 개념어를 떠올리는 걸 정말 어려워했어요. 말이 되게 설명하지 못했죠. 문장 성립도 안 됐어요. 걔가 뭐라고 말하려고 한 건지 알 수가 없었어요."

이 교사는 Ilana라는 학생이 어떠한 용어를 쓰고 어떻게 서술하였는지 진단하고 있다. 학생이 '과학적 용어를 사용하고 있는지', '문장을 올바르게 서술하고 있는지'에 주목했지, 이 학생이 '어떤 생각에서 이렇게 말하게 되었는지'에는 주목하지 않았다.

나. 학생의 사고를 '학습 과정의 단서'로서 여기는 관점

이 관점을 보인 교사는 학생이 사용한 말, 사고, 행동을 '과학적 설명을 구성하는 과정에 기여할 수 있는 자원'이라고 여겼다. 이 관점은 다시 둘로 나뉜다. 하나는 학생의 발화에서 현재 학생이 생각하는 과정이 드러나고, 이러한 학생의 생각으로부터 다른 사고가 이어진다는 것이다. 다른 하나는 교실에서 이루어지는 논의가 전체적인 의미를 형성하는 과정의 일부라고 여기는 것이다. 다음과 같은 교사들의 인터뷰 응답을 통해 이러한 관점을 엿볼 수 있다.

> "Benita가 '계속 자라나라'라는 의미의 손짓을 하는 것을 목격했어요. 그 다음엔 Benita가 자기 의견을 말한 뒤에 다른 아이디어를 또 떠올리며 이어나가는 것 같아 보였죠. (…) Benita가 '아마도'라는 말을 많이 쓰는 것도 봤어요, 음, 많이는 아니지만... 간혹 두 번씩 쓸 때도 있더라고요. 완전히 확신하지는 않지만 그냥 자신의 생각일 뿐이라는 걸 말하고 싶었나봅니다."
>
> "그러고 나서 Ilana가 앞으로 나와서 벽화를 가리키더라고요. 전 '이걸 유용하게 활용할 수 있겠구나'라고 생각했어요. Ilana가 그렇게 한 건, '씨앗은 무엇이고 아기는 무엇인지'를 설명하려고 한 일환이었거든요. Ilana는 교사처럼 해보려고 한 거였어요. 자기가 어떻게 생각해 나가는지, 그 과정을 다른 친구들에게 보여주려고 한 거였죠."

위 인터뷰 응답에서 교사들은 '학생이 그렇게 행동하고 말하게 된 데에는 학생의 이해와 의도가 반영되었기 때문임'을 이해하고 있음을 드러내며, 더 나아가 학생의 발화 이면의 이해와 의도를 해석해내려고 노력하는 모습도 엿볼 수 있다. 그리고 과학적 지식을 구성하는 과정에서 학생들의 사고를 유용하게 활용하고자 한 모습 또한 알 수 있다.

다. 학생의 사고를 교사 자신의 실행과 연결시켜 해석하는 관점

이 관점에서는 학생이 특정 양상으로 말하고 행동하게 된 이유를 교사 자신의 교수 실행으로부터 찾는다. 이러한 관점을 보이는 교사는 학생의 사고와 실행을 바탕으로 하여 학생의 생각을 듣고 이를 지원하는 기술을 모색하며, 이와 더불어 교사 자신이 말하는 방식, 자신이 갖고 있는 지식이나 경험 등에서 개선할 부분을 찾는다. 아래 교사의 인터뷰 응답을 통해 이러한 관점을 지닌 교사들의 구체적인 생각을 살펴보자.

> "처음에 시작할 때와는 확실히 [학생들의 생각을] 다르게 여기고 있죠. (…) 처음에는 비유해서 설명하려 했던 것들을 다 놓치거나, 아니면 대화를 딱히 의미 있게 여기지도 않았어요. 근데 지금은 달라요. 학생들의 대화 속에서 과학과 관련된 내용이 이전보다 훨씬 많이 보여요. 신기한 일이죠."
>
> "[학생들의 생각은] 제 자신의 실행을, 이 수업에서 제가 어떻게 해왔는지를 되돌아보게 만들더라고요. 아이들이 설명한 게 말이 안 될 때 제 자신을 더 잘 파악하게 되는 것 같아요. 그럴 때 애들한테 그게 무슨 의미야? 라고 물어봤던 것 같아요. 아니면 (…) 예전에는 제가 그걸 그냥 무시했다는 건 아니지만요, 그래도 제가 더 인내심을 갖고 애들한테 자기 생각을 좀 더 얘기해보게 해줬던 것 같아요. 그리고 아이들이 말하려고 하는 게 무엇인지 좀 더 생각해보려고 노력했고요, 아이들끼리 더 논의해보게 하려고 했죠. 아, 그리고 질문을 더 많이

했던 것 같아요."

┘

Rosenberg와 그의 동료들(2015)이 밝힌 여러 관점들을 비교해보면, 학생의 사고를 자원으로 여기고 이끌어내는 관점이 다른 관점들과 어떻게 다른지 이해할 수 있다. 최근에는 여기에서 한 발자국 더 나아가, 교사가 학생들을 어떻게 바라보는지 뿐만 아니라 학생들이 이러한 교사의 실행으로부터 교사의 관점을 어떻게 해석할지에 주의를 기울여야 한다는 주장이 제기되기도 하였다(Russ, 2018). 이 주장처럼 학생들을 수업의 중심에 위치시키기 위해서는 학생들이 교사의 관점과 실행으로부터 어떠한 메시지를 전달받을지 생각해볼 필요가 있다.

4.2 자원 관점에서의 반응적 교수법 - 개념적 측면

앞서 살펴본 반응적 교수 실행에 관한 개괄적인 논의를 바탕으로 하여, 학생들의 담화로부터 학생들의 아이디어를 어떻게 구체적으로 포착하고 지원할 수 있는지 생각해보자. 이번 절과 다음 절에서는 논변활동 중에 개념적 측면과 인식론적 측면에서 활성화된 학생들의 자원을 담화 속에서 확인하고, 학생들의 개념적, 인식론적 자원 활성화를 지원하는 반응적 교수에 관해 살펴보고자 한다.

이번 절과 다음 절은 반응적 교수에 대한 독자들의 이해를 돕고 실제 수업에서 반응적 교수 실행에 도움이 되도록 구성하였다. 교사가 반응적 교수를 수행하기 위해서는 무엇보다도 학생들로 하여금 자신의 아이디어를 표현하도록 독려하고, 이들에게서 활성화된 개념적, 인식론적 자원에 주목할 수 있어야 한다, 따라서 이번 절과 다음 절은 다음과 같이 전개를 하고 있다. 우선 반응적 교수 실행을 살펴보기에 앞서, 설계된 논변활동이 진행되는 경우에 학생들이 어떤 자원을 활성화하여 논변을 구성할 수 있을지 예상하는 활동을 실었다. 그 다음에는 학생들의 논의를 보고 학생들의 자원을 어떻게 이끌어낼 수 있으며, 그렇게 하여 드러난 자원에 어떻게 반응할 수 있을지 살펴보는 순서로 전개된다. 이와 같이 교사의 반응적 교수 실행을 실제 논변활동 사례를 토대로 하여 구체적으로 살펴보는 활동을 독자들이 해볼 수 있도록 부록에 활동지의 형태로 제시하였다(**부록**의 활동 RT-1, 2, 3 참조). 이를 본문에서도 각 단락마다 표시해두었으니, 먼저 부록에 제시된 활동지를 사용해서 각 사례를 생각해본 뒤에 본문에서 그에 관한 설명을 보길 바란다.

1 활성화될 수 있는 개념적 자원 예상하기

이 절에서는 사람 눈과 오징어 눈의 구조를 바탕으로 한 소집단 논변활동 사례(박지영, 김희백, 2018)를 중심으로 해서 수업 중에 학생들에게서 활성화될 개념적 자원들을 살펴보고자 한다.[9*] 이 논변활동은 중학교 2학년 과학 '자극과 반응' 단원의 '눈의 구조와 기능'에 대한 수업 중에 사용하도록 개발된 것이다(**부록**의 A-8 참조). 이 수업의 전반부에는 눈의 구조와 시각 경로에 관한 이론 수업이 이루어졌다. 그 뒤에는 아래 표 4.1에 제시한 바와 같은 사람 눈 모형과 오징어 눈 모형을 하나씩 각 소집단에 제공하고, 두 눈 모형의 구조가 지니는 차이점을 탐색하였다. 이를 바탕으로 '오징어 눈이 사람 눈보다 더 발달했다'는 주장에 대한 소집단의 의견을 구성하는 논변활동을 진행하였는데, 학생들이 논변을 구성할 때 활용할 수 있도록 표 4.2와 같은 내용의 근거 카드가 제시되었다.

이제 학생들의 담화를 구체적으로 살펴보기에 앞서 이 논변활동에서 학생들이 어떠한 개념적 자원을 활성화할 수 있을지 예상해보자. **부록**의 RT-1 자료를 참조해서 다음 질문에 대해 생각해보자.

질문 1. 학생들은 표 4.1과 4-2에 제시된 자료나 자신의 지식과 경험을 활용하여 어떤 논변을 구성할 수 있을까요? 학생들이 어떤 주장을 제시하고 그 주장을 뒷받침하고자 어떤 추론을 고안할 수 있을지 예상해봅시다.

이 활동에서 학생들은 '오징어 눈이 사람 눈보다 더 발달했다'는 주장을 접하고, 사람보다 하등한 동물인 오징어의 눈이 더 발달된 형태라는 것을 인정하고 싶지 않기는 하지

9* 이번 절에서 소개하는 실제 교실 담화와 그 담화로부터 유추한 인식론적 자원의 활성화에 관한 설명은 박지영, 김희백(2018)의 연구를 바탕으로 한다.

만, 이 주장에 대해 반박을 하려면 근거를 제시해서 그 반대 주장의 타당성을 높여야 한다. 이와 반대로 주어진 주장을 수용하는 경우에도 근거를 제시해서 반대 주장에 대비를 해야 한다. 학생들은 앞에서 관찰한 눈 구조를 나타낸 플라스틱 모형과 맹점 확인 활동을 떠올리면서, 사람 눈과 오징어 눈에 맹점이 존재하는지, 시각세포는 어디에 있고 어떻게 볼 수 있는지 등을 탐색할 것이다. 이러한 활동을 하는 중에 학생들은 활동지에 제시된 근거카드<그림 2.4의 형태로 제시>도 활용하게 된다. 그리고 시각세포의 종류와 개수의 차이와 이로 인한 시각 기능의 우수성에 관해서도 고려하면서 논변을 구성할 수 있을 것이다.

이제 실제 중학교 2학년 학급에서 나타난 사례를 살펴보자. 학생들의 주장은 둘로 나뉘었고, 다음과 같은 추론으로 각 주장이 뒷받침되었다. 사람 눈이 더 발달했다고 주장하는 경우에는 '맹점이 있어도 몸을 움직여 볼 수 있기 때문에' 또는 '오징어 눈에는 없는 색깔을 구분하는 시각세포가 약 700만개 있기 때문에', '사람은 사물의 색을 구분할 수 있지만 오징어는 색을 구분하지 못해서', '오징어는 망막에 시각세포가 없어서 이 세상에 있는 아름다운 색깔을 볼 수 없어서' 등의 근거를 제시했다. 그리고 오징어 눈이 더 발달했다고 주장하는 경우에는 '맹점이 없어서 생존에 유리하므로', '어느 각도에서든지 사물을 볼 수 있어 편리하므로', 또는 '색을 구분하는 시각세포가 없어 색을 혼란시키는 여러 동물들에 영향을 받지 않기 때문에', '바다 속에서 보면 다 파란색이기 때문에 색깔 구분이 필요 없어서' 등의 근거를 제시했다. 학생들은 자신의 주장을 정당화하기 위해 근거카드의 내용과 자신의 경험을 토대로 추론하면서 개념 자원들을 활성화시켰다. 이러한 개념 자원이 과학 개념과 차이가 있는 경우도 있지만, 이를 가지고 추론을 해나갔다는데 의의가 있다. 물론 활동을 해나가면서 학생들의 개념을 과학적으로 옳은 방향으로 안내하는 것도 필요하지만, 교사가 그 자리에서 바로 개입하여 학생의 개념의 옳고 그름을 평가한다면 학생은 더 이상의 추론을 하지 않게 된다. 이 수업에서 교사는 순회 지도를 통해 학생들의 이와 같은 추론 과정을 파악하고 추론을 지속할 수 있도록 지원하였다. 이에 관해서는 다음 절에서 알아본다.

표 4.1 수업에서 활용된 사람과 오징어 눈 모형

	사람 눈	오징어 눈
바깥쪽		
안쪽		

표 4.2 학생들에게 제시된 근거 카드 내용

	사람의 눈	오징어의 눈
색 구분	사람의 망막에는 색깔을 구분하는 시각세포가 약 700만 개 정도 존재한다.	오징어의 망막에는 색깔을 구분할 수 있는 시각세포가 없다.
맹점의 유무	사람의 망막에는 맹점이 있다.	오징어의 망막에는 맹점이 없다.
시각신경의 분포	사람의 눈은 망막 앞에 시각신경이 분포한다.	오징어의 눈은 망막 뒤에 시각신경이 분포한다.

2 학생들의 개념적 자원 이끌어내기

그렇다면 이번 절에서는 교사가 학생들의 논의에 개입하여 어떻게 활성ᄌ화된 개념적 자원을 이끌어낼 수 있을지 **부록**의 **활동** RT-2을 참조해서 생각해보자. 아래는 순회 지도를 하던 교사가 한 소집단 학생들의 실행에 개입하면서 이루어진 담화의 일부이다.

학생들이 교사에게 '시각세포가 없으면 색깔을 구분할 수 없는지' 질문하면서 위 담화

표 4.3 교사가 학생들의 사고를 이끌어내는 과정에 이루어진 담화

화자	발화
학생B	쌤. 쌤. 색깔을 구분할 수 있는 시각세포가 없으면 색깔을 [구분하지] 못 하는 거예요?
교사	그렇지 않을까요? **너는 그게 중요하다고 생각하는 거지?**
학생B	아니요~
교사	아니, 색깔을 구분할 수 있는 시각세포가..
학생B	네, 중요해요.
교사	그럼 그렇게 써. 그런 게 중요하기 **때문에..**
학생A	(다른 조 학생에게) 야, 그러면 상어가 파란색으로 보이면 (…) [오징어]가 먹히지. 인정? 먹물도 있어. 먹물도 파란색이야. 촉수의 느낌?
학생B	쌤쌤쌤, 오징어 눈에요. 맹점이 없잖.. 아니 망막에 맹점이 없잖아요. 그러면요. 뒤에도 볼 수 있어요?

가 시작되었다. 교사는 학생들의 질문에 지식 정보를 제공하는 응답을 하기 보다는 학생들이 논변을 구성하기 위해 왜 그러한 지식 정보에 주목하였는지 물었다('너는 그게 중요하다고 생각하는 거지?'라는 교사의 질문). 교사가 이런 질문을 한 이후에 다른 학생(학생 A)이 이어서 '시각세포의 유무와 색의 구분'이 왜 중요한 지를 추론하였다. 학생 A는 색을 구분하는 능력을 가지고 있지 않으면 상어와 같은 포식자에게 쉽게 먹힐 수 있다는 추론을 하였다. 학생 A는 '오징어는 색깔을 구분하는 시각세포를 가지고 있지 않아서 생존에 불리할 수 있다'는 생각을 제시한 것이다. 이에 대해서 색깔을 구분하는 시각세포에 대해 질문했던 학생 B는 '오징어는 맹점을 가지고 있지 않아서 더 잘 볼 수 있다'는 생각을 표현하면서 반박을 하였다. 학생 B가 맹점을 가지고 있지 않은 오징어의 경우에 뒤에서도 볼 수 있는지를 질문한 것은 플라스틱 모형의 한계에서 비롯된 과학적으로 옳지 않은 개념이다. 이 수업에서 교사는 학생들의 생각의 "옳고 그름"을 과학 지식을 기준으로 평가하는 것을 지양하고, 학생들의 사고를 더 이끌어내는 질문을 함으로써 논의가 활발히 이루어지게 하였다.

학생B가 교사에게 질문하기 전에 이루어진 학생들의 논의 내용을 살펴보면, 학생들이 이러한 생각을 하고 있었다는 것을 확인할 수 있다. 위 담화 전에 학생B는 '오징어 눈에는 맹점이 없으므로 오징어는 더 넓은 범위를 볼 수 있어[시야가 넓어], 오징어 눈이 더 발달했다'는 의견을, 학생A는 '사람 눈에는 색깔을 구분할 수 있는 세포가 있으므로 사

람 눈이 더 발달했다'는 의견을 제시하였다. 그리고 학생B는 학생A의 추론이 잘못되었음을 입증하여 학생A의 주장에 반박하고자 교사에게 질문한 것이었다.

교사는 학생이 질문을 던졌을 때 그 학생이 왜 그러한 질문을 하게 되었는지 되물음으로써, 학생들의 사고를 효과적으로 이끌어내었다. 학생들의 논의가 모둠별로 진행되는 경우에 교사는 모든 학생들의 논의를 지켜볼 수 없는 상황에 처하게 된다. 이때 순회 지도를 하면서 학생들의 개념적 자원을 이끌어내는 것은 쉬운 일이 아니다. 그럼에도 불구하고 이 사례의 교사는 학생이 질문한 의도를 파악하기 위한 질문을 먼저 제시함으로써 학생들의 논의를 파악하고 활성화된 개념적 자원을 드러내게 할 수 있었다. 이처럼 교사의 질문은 학생들로 하여금 개념적 자원이 자신의 주장을 뒷받침하는 데에 적합한지를 생각하도록 지원할 수 있다.

3 학생들의 개념적 자원에 반응하기

학생들의 논변활동을 지원하기 위해 교사는 표 4.3의 마지막에 제시된 학생B의 질문에 어떻게 반응하면 좋을까? 교사는 자신의 관점에 따라 학생의 질문을 달리 해석하며, 이에 대한 반응에도 차이가 나타난다. 학생들의 개념적 자원에 대한 교사의 반응 중의 일부는 학생들의 추론을 활성화 할 수 있지만, 다른 반응은 오히려 추론을 제한하게 만들기도 한다. 여기서는 두 교사의 수업 사례를 비교하면서 개념적 자원에 대한 교사의 반응이 추론에 준 영향을 살펴보기로 한다(**부록**의 **활동** RT-3 참조).

다음에 제시할 표 4.4와 표 4.5는 각각 교사1과 교사2가 자신의 학급에서 소집단 담화에 개입한 사례를 제시하고 있다. 이중 교사1은 앞에서 제시한 담화(표 4.3)에 등장하는 교사로서 학생 B의 질문에 대해 반응하고 있다. 이러한 교사의 반응에 이어서 전개되는 학생들의 담화도 제시하고 있다. 표 4.5는 다른 학교에서 동일한 논변활동 수업을 진행한 교사2가 이와 유사한 질문을 받고 이에 반응한 사례를 보여준다.

맹점의 유무와 뒤쪽으로의 시야 확장을 연결시킨 것은 학생들이 시각 성립 경로와 맹점의 구조적 특징을 명확히 이해하지 못하고 있있던 것에 기인한다. 교사1의 경우에는 질문에 대해 직접 정답을 말하기보다는, "뒤에도 볼 수 있으려면 뒤쪽에 뭐가 있어야 돼?"라고 학생에게 다시 물었다. 이는 이전에 학습한 내용이나 활동을 상기시켜 학생의 사고를 다른 측면으로 전환시키는 발화로, 시각 성립 경로와 관련된 학생의 사고를 전면에 드러내도록 촉진한 것이다. 이에 학생들은 맹점, 시각세포 등을 언급하며 시각 성립

표 4.4 교사1의 반응적 교수 실행

화자	발화
학생B	쌤쌤쌤, 오징어 눈에요. 맹점이 없잖, 아니 망막에 맹점이 없잖아요. 그러면요. 뒤에도 볼 수 있어요?
교사	**뒤에도 볼 수 있으려면 뒤쪽에 뭐가 있어야 돼?**
학생A,D	눈~
학생B	맹점?
학생A	시각세포.
교사	시각세포. **뒤쪽에도?**
학생B	그런 각도에서 볼 수 있는 것 아니지 않아?
교사	일단 **빛이 들어와야 될 것** 아냐, 뒤쪽에도.
학생B	아니지 않아요? 그러면
학생A	아~
학생B	그지? 똑같지? 근데 얘는 색깔이 없으니까 우리가 이긴 거야.
교사	그치 않아. 우리가 '본다'라는 거는 있잖아 (…)
학생D	근데 오징어가 어느 각도에서도 볼 수 있잖아.
학생B	오징어 눈을 인식해보던지, 그러면은.
학생A	뭔 소리야? 내가 무슨 오징어 눈을 왜 인식해. 너 오징어 눈 하면 완전 빛난다. 에메랄드[같이].
학생D	오징어 눈 맛있어
학생A	반대한다. 상현아~ 오징어 눈은 뒤에를 못 봐.
다른 조	오징어가 어떻게 알아~
학생A	(다른 조 학생에게) 뒤에도 시각 신경이 있어야 해.
학생B	(…) 사람 눈이 더 훌륭한 거..
학생A	(다른 조 학생에게) 애초에 빛이 있어야 해, 빛이. 그런데 뒤에 빛이 못 들어가지.

경로에 관한 개념적 지식과 함께 눈의 구조에 관한 지식을 연결시키고자 시도하였다.

하지만 학생들이 여전히 시각과 관련된 개념들을 연결 짓는 데에 어려움을 느낀다고 판단한 교사1은 시각이 성립하려면 빛이 들어와야 한다고 말하며 좀 더 직접적으로 관련 개념을 이끌어 오고자 하였다. 이러한 교사의 발화 후 학생A는 교사가 의도한 바처럼 시각 성립 경로를 다시 상기시켜 오징어 눈은 뒤를 볼 수 없다는 추론을 하였다("뒤에도 시각 신경이 있어야 해. (…) 애초에 빛이 있어야 해, 빛이. 그런데 뒤에 빛이 못 들어가지"라는 학생A의 발화).

교사1은 질문을 통해 학생의 사고와 추론을 논의에서 드러내도록 이끌어내고 학생의 추론을 다시 말하고 재확인하며, 다른 측면으로 사고를 전환하는 질문을 통해 추론을 촉진하였다("시각세포. 뒤쪽에도? (…) 일단 빛이 들어와야 될 것 아냐, 뒤쪽에도."). 이를 통해 학생들은 이전에 학습했던 개념적 자원을 활성화하고, 그 자원들을 서로 연결 지어 스스로 추론을 고안을 해나가며 논의를 이어갔다.

다음 담화는 학생B와 유사한 질문을 받은 교사2의 교수 실행이다. 교사2는 학생들의 의견에 어떻게 반응하였는지 교사1의 사례와 비교하여 살펴보자.

표 4.5 교사2의 교수 실행

화자	발화
학생C	그럼 어느 각도에서 볼 수 있다는 게 (…) 눈이 여기인데 뒤의 것도 볼 수 있다는 거야?
학생D	눈이 튀어나오면 볼 수 있지 않아? 눈이 이렇게 나와 있는데.
학생B	얼마만큼 나와? 눈이 이만큼 나와?
학생C	이렇게 나잖아(양손으로 더듬이 모양을 한다)
학생A	선생님 눈 몇 센티까지 나와요?
교사	(함께 웃는다) 몰라.
학생A	오징어 초점 맞출 때 자기(오징어의) 눈 (앞으로 튀어)나오잖아요.
교사	맞아 근데 이렇게까지 나오지는 않아
학생E	그럼 달팽이만큼 나와요?
교사	음, 글쎄 그 정도까지는 아니고.
학생A	**오징어 눈이 이렇게 앞에 달려 있잖아요. 근데 그럼 어느 각도에서도 볼 수 있다는 게 뒤에 이렇게 있는 것도 볼 수 있다는 뜻이에요?**
학생E	눈이 이만큼(팔을 앞으로 뻗는 동작을 하며) 나온다는 건가...
교사	아니지.
학생A	그럼 여기 있는 거 그냥 다요?(앞을 가리키며)
교사	그렇지. 시야가 더 많이 (…) (다른 조로 이동)
학생D	사람도 똑같지 않아? 그러면?
학생B	똑같긴 한데 사람이 볼 수 없는
학생D	사람도 여기까지는 볼 수 있어(옆으로 손짓하며)
학생E	근데 미간이 넓으면 눈 잘 보이지 않아? 여기가?
학생D	그렇긴 하지. 근데 사람은 어느 각도에서 안 보이는 물건이 있긴 하잖아
학생E	나는 둘리가 안 보였어.
학생A	근데 오징어는 그게 다 보인다는 거지. 각자 근거 쓰자.

교사2의 수업에서 또한 학생들은 유사한 추론을 제시하였다. 이때 학생들은 활동지를 보며 개인별 논변을 작성하고 있었고, 학생C는 "오징어 눈은 어느 각도에서나 볼 수 있으니까"(이 말은 사람 눈의 경우에 맹점이 있어서 특정 각도의 물체를 볼 수 없는데 비해 오징어 눈은 맹점을 가지고 있지 않아 이런 현상을 겪지 않을 것이라는 의미임)라는 활동지의 진술을 보고 질문을 제기하며 위와 같은 논의를 시작했다.

학생들은 뒤쪽을 볼 수 있으려면 달팽이처럼 오징어의 눈도 많이 튀어나와야 한다는 추론과 함께 교사에게 지원을 요청하였는데, 교사2의 응답은 교사1과 비교되는 방식으로 나타났다. 교사2는 학생들이 이러한 추론에 도달하게 된 사고 과정을 드러내려고 하기보단, 웃으면서 "몰라"라고 답했다. 학생들은 자신들의 추론을 교사에게 드러내고자 재차 질문했지만, 교사는 학생들의 질문 의도를 파악하려고 하지 않고 학생들의 의견이 틀렸다는 답변만을 하였다. 그 뒤에 학생들은 어느 각도에서나 볼 수 있다고 추론한 것과 오징어의 눈이 튀어나왔을 것이라는 추론을 연결하여 교사에게 재차 질문하였다. 이때 교사는 "아니지"라고 대답하며 학생 사고의 "옳고 그름"을 명시적으로 평가하는 반응을 보였다. 교사의 평가가 이미 끝나버리자 학생A는 더 이상 뒤쪽에 대한 언급은 하지 않고, 앞쪽에서 볼 수 있는 범위만을 확인하려고 하였다. 그 뒤에 각자 근거를 쓰자고 하며 대화는 중단되었다.

교사2는 추론이나 지식 주장의 "옳고 그름"에만 초점을 맞추어 학생들의 질문을 해석하였다. 이러한 교사2의 답변은 학생들이 자신의 사고를 드러낼 기회를 제공하지 못하였고, 따라서 교사1과 같이 학생들로 하여금 자신의 아이디어를 가지고 지식 구성을 하도록 지원하지 못했다. 오히려 교사2는 학생 자신의 지식 구성이라는 수업의 목표와 연결지어 학생들의 사고를 지원하기보다는, 수업에서 도달하고자 하는 개념에만 초점을 두고 학생들에게 교사의 추론을 그대로 따르도록 하였다. 이에 교사의 반응적 발화가 끝나자 학생들은 더 이상 오징어 눈의 구조에 대한 논의를 이어나가지 않았다.

교사2의 교수 실행 사례를 보면, 교사의 반응이 학생의 사고를 드러내도록 돕지 못하였고, 학생들의 추론 구성과 연결을 활성화시키지 못함으로써 학생들의 논의를 오히려 제한시켰다. 또한 교사는 자신이 이해하고 있는 과학 개념을 기준으로 하여 학생들의 사고가 옳은지 그른지 평가하는 데에 치중하여, 학생들의 논의를 타당한 근거를 든 반박하기와 같은 논변활동에서 멀어지게 했다.

두 교사의 실행을 되돌아보자<그림 4.2>. 학생들이 자신이 고안한 추론이 "맞는지" 묻는 질문에 교사1은 학생들의 사고를 더 이끌어내어 활성화된 개념적 자원을 논의 과정에 드러내게 했다. 그리고 그러한 개념적 측면에서 활성화된 자원이 주장을 타당하게 뒷받침하는지 해석하고, 학생들이 개념적 자원을 재검토하도록 촉진하는 지원 발화를 하였다. 반면, 교사2는 학생들이 제시한 추론이 과학 지식과 비교했을 때 "옳은지" 해석하고, 그 판단 결과를 알리거나 학생들의 사고를 과학 지식으로 정정하는 모습을 보였다.

두 교사가 학생들의 유사한 질문에 대해 보인 상이한 반응은 그 뒤 학생들의 논의 활성화 여부에 상당한 영향을 미쳤다. 교사가 학생들에게 어떻게 반응하는지에 따라 학생들의 실행이 달라진다는 점은 다른 연구들에서도 여러 번 보고된 바 있다(e.g., Lidar, Lundqvist, & Ostman, 2006; Lineback, 2015; Thompson et al., 2015). 학생들이 자신의 지식과 경험을 지식 구성에 생산적으로 적용할 수 있도록 교사의 지원이 이루어지기 위해서는 교사1처럼 자원 관점에서 이들의 사고를 더 드러내고 다룰 필요가 있음을 보여준다.

만약 내가 이 수업을 진행하는 교사라면 학생들의 이러한 질문에 어떻게 반응할지 다시 한 번 생각해보자. 두 교사의 교수 실행 사례를 검토하기 전에 생각했던바(**부록**의 RT-3, 질문 1)와 달라진 점이 있는가? 어떤 점이 달라졌는지 생각해보자.

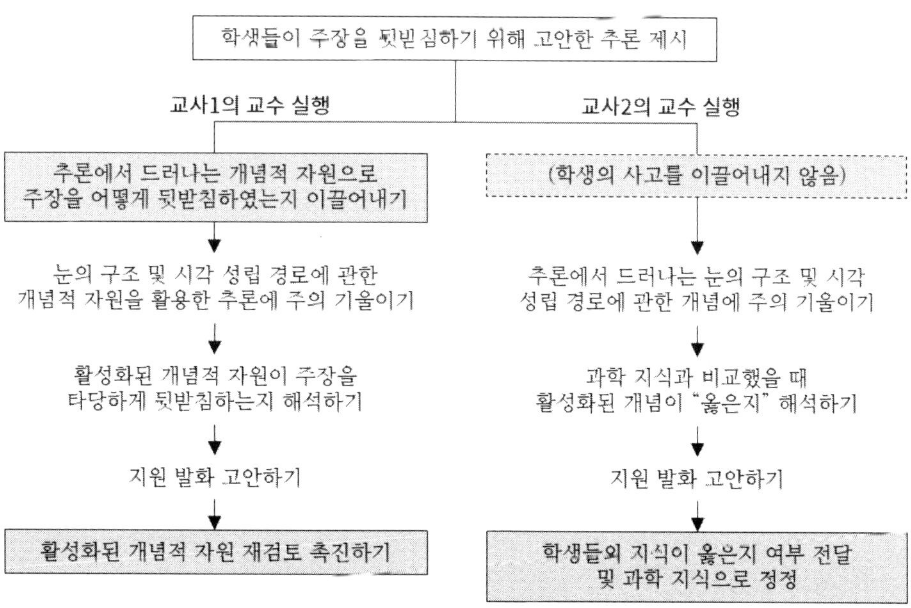

| 그림 4.2 | 교사1과 2의 반응적 교수 실행

4.3 자원 관점에서의 반응적 교수법 - 인식론적 측면

인식론적 측면에서의 반응적 교수법은 교사들로 하여금 '학생들이 과학 수업에서 어떻게 지식을 구성하고 있는지'에 주의를 기울이도록 요청하는 교수법이다. 개념적 측면에 대한 반응적 교수법과 마찬가지로, 인식론적 측면에 대한 반응적 교수법도 학생이 과학자 공동체와 같은 인식적 실행에 참여할 수 있는 능력을 갖고 있음을 전제로 한다. 이번 절에서는 국내 과학 교실에 논변활동을 도입하고, 그 안에서 이루어진 인식론적 측면에서의 반응적 교수 사례를 살펴보고자 한다.

1 반박을 통한 인식론적 측면에서의 반응적 교수

이 절에서는 중학교 2학년 과학의 '자극과 반응' 단원에서 자극의 전달 경로에 관한 논변활동 사례(하희수, 김희백, 2017)를 중심으로 수업 중에 학생들에게서 활성화된 인식론적 자원들을 살펴보고자 한다.[10*] **부록**의 RT-4에 제시된 물음에 대해 생각하면서 인식론적 측면의 반응적 교수에 관해 알아보자.

이 활동(**부록**의 A-9 참조)은 정수리, 척추, 손등 위에 핸드폰을 올려놓고, 어느 부위에서 진동을 가장 먼저 느낄 지를 예상하면서 시작된다. 그리고 학생들은 각 부위에서 진동을 감지하기까지 걸리는 시간을 측정하고, 측정 결과를 바탕으로 진동을 어느 부위에서 더 빨리 감지할 수 있었는지 파악한다. 이 과정에서 학생들은 자신의 예상을 측정 결과와 맞추어보게 되는데, 많은 경우에 측정 결과는 예상과 다르게 나타난다. 학생들은 이와 같이 변칙사례를 접하게 되면서 과학 지식을 근거로 해서 이러한 현상을 설명하려고 시도를 할 것이며, 더 나아가 주장을 정당화하려는 노력을 할 것으로 예상하고 이 논변활동을 고안하였다.

이 논변활동은 중학교 과학 수업에서 소집단 별로 진행되었으며, 교사는 순회 지도를 통해 소집단 별 논의를 파악하고 지원을 하였다. 그 중 두 소집단에서 보인 교사의 지원 사례를 살펴보도록 하겠다. 표 4.6은 그 중 한 소집단 논의에 교사가 개입하면서 이루어진 담화이다.

10* 이번 절에서 소개하는 실제 교실 담화와 그 담화로부터 유추한 인식론적 자원의 활성화에 관한 설명은 하희수, 김희백(2017)의 연구를 바탕으로 한다.

표 4.6 소집단1에서 교사 개입 시 이루어진 담화1

화자	발화
교사	너희는 뭐가 제일 빨리 느껴졌어?
학생C	손등이요
교사	손등, 그 다음은?
학생C	척추
교사	척추, 그 다음은?
학생B	머리
학생C	네, 정수리.
교사	머리가 제일 늦게 (…) 그럼 그 세 부위가 어떤 차이가 있을까, 그걸 한 번 생각해보자. 세 부위는 도대체 무슨 차이가 있길래. (자신의 정수리를 만지며) 여기는 느껴졌어?
학생B	아니요
교사	안 느껴지지. 왜 안 느껴져?
학생C	숱이 많아서.
학생A	(웃음)
교사	뭐라고?
학생C	(학생B를 가리키며) 아니, 얘가 아까 그랬잖아.
교사	뭐라고?
학생A	머리숱이 많아서.

위의 담화가 진행되기 전에 학생들은 '활동 결과를 과학 지식으로 어떻게 정당화할 수 있을지'보다도 '자신의 활동 결과와 관련된 과학 지식을 찾아서 활동지에 기록하는 데'에 초점을 두고 논의하고 있었다. 교사는 이 소집단에 다가가 먼저 정수리, 척추, 손등 위에서 핸드폰 진동을 감지해본 활동의 측정 결과를 물었다. 그리고 "세 부위에 어떤 차이가 있어서 그러한 결과가 나왔는지"를 물었다. 이는 학생들로 하여금 직접 수집한 데이터를 토대로 정당화를 구성하도록 요청하는 발화로써 학생들의 사고를 이끌어내는데 기여하였다. 이러한 교사의 반응은 학생들이 근거를 토대로 타당한 논변을 생성하게 하였으며, 이때 학생들의 인식론적 자원 중 하나인 '형성' 자원의 활성화가 유도되었다고 할 수 있다.

교사가 정수리 부분을 지목하며 그곳에서 가장 늦게 진동을 감지한 결과를 확인하도록 한 후에, 다른 부위와 어떤 차이가 있어서 그런 결과가 나왔는지를 생각해보게 했다.

교사가 이러한 요청을 하고 나서, 학생들은 자신들의 활동 결과에 대한 정당화를 시도하였다. 이때 교사는 학생들의 정당화가 무엇인지 다시 물었는데("뭐라고?"), 학생들은 이러한 교사의 질문이 자신들의 응답이 틀렸다는 점을 암시한다고 해석하여, 그 답은 인식적 권위가 높다고 여겨지는 학생(학생 B)이 제안한 것이라며 책임을 회피하였다. 이 모습에서 학생들 간의 인식적 권위 차, 그리고 권위 있는 자로부터 정보를 그대로 '전파'받아 받아들이는 '수용' 자원의 활성화가 드러나기도 했다.

이와 같이 드러난 학생들의 인식론적 자원에 대해 교사는 어떻게 반응하였을까? 표 4.7에는 위 담화 직후 이루어진 교사의 응답이 제시되어 있다.

표 4.7 소집단1에서 교사 개입 시 이루어진 담화2

화자	발화
교사	아, 머리숱이 많아서. 근데, 빡빡이[대머리]가 실험 해봐도 똑같이 나온대.
학생B	아!
교사	머리카락은 아닌 것 같고, 뭐가 원인일까 한 번 생각해봐. 여기 도움카드가 있으니까요. 도움카드에 나오는 문장 한 번 읽어보고.

교사들은 학생들이 지식을 구성할 수 있는 권위를 지닌다는 것을 인정하고 있고, 이를 명확하게 인식하고 있기도 하다. 그러나 학생들이 과학 공동체의 지식과 다른 의견을 제시했을 때는 어떻게 대처해야 할지 고민하게 된다. 그런 점에서 이 사례에서 나타난 교사의 반응은 매우 흥미롭다. 교사는 학생의 아이디어가 "옳은지"에 관한 평가를 내리기보다는, 대머리의 경우도 학생들의 결과처럼 늦게 진동을 감지한다고 반박을 한 것이다. 이와 같은 교사의 반박은 학생들로 하여금 자신들의 논변이 과연 타당한지를 비판적으로 검토하게 할 것이다. 정수리 부위에서 진동을 늦게 감지한 결과를 놓고, 머리카락과 같은 장애물 이외의 다른 요인을 근거로 제시하고자 시도하게 된다. 이와 같은 과정에서 학생들은 대안적 관점에서 관찰 결과를 타당하게 설명하려고 하면서 '이해' 자원을 활성화할 수 있다.

교사의 반응적 교수 실행을 되돌아보자<그림 4.3>. 교사는 학생들이 직접 수집한 자료를 바탕으로 추론을 고안할 것을 기대하며 활동 결과에 대한 주목과 추론을 이끌어내고자 하였다. 학생들은 관찰 결과를 설명하는 과정에서 '머리숱이 많아서'와 같은 근거를 제시하기는 하였으나, 인식적 권위가 높다고 여기는 학생의 권위에 의존하여 그 학생의

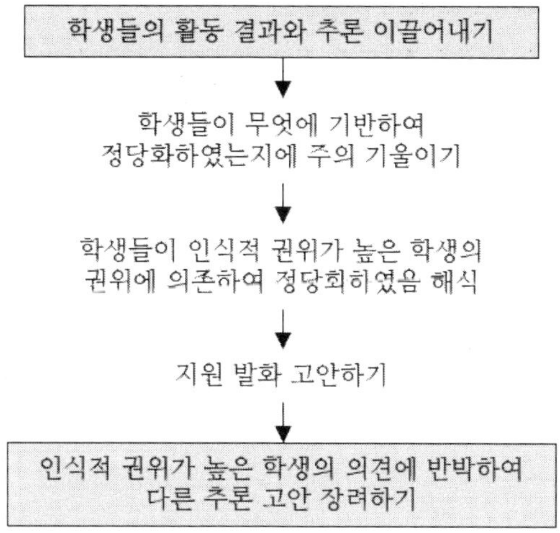

| 그림 4.3 | 반박을 통한 인식론적 측면에서의 반응적 교수 실행

의견을 수용하였음이 학생들의 응답에서 드러났다. 이에 교사는 학생들이 제시한 의견은 측정 자료를 일관적으로 설명할 수 없다는 점에서 반박하며 다른 방향으로 논변을 고안하도록 장려하였다.

교사의 지원 이후 학생들은 다양한 의견을 제시하고 그 의견의 타당성을 고려하며 새로운 정당화를 모색하기 시작하였다. 이들은 단순히 자신들이 활동 결과와 관련된 과학 지식을 적는 것이 아니라, 활동 결과를 정당화할 수 있는 과학 지식을 모색하고 서로의 의견을 비판적 관점에서 바라보는 논의를 시작하였다. 여기서 학생들의 발화가 "옳은지" 여부보다 이들의 인식론적 측면에 주목하는 반응적 교수 실행이 이루어짐으로써, 학생들에게서 지식 구성 과정에 생산적으로 참여할 수 있는 인식론적 자원의 활성화를 촉진시킬 수 있었다.

2 추가 자료 제시를 통한 인식론적 측면에서의 반응적 교수

이번에는 학생들이 논변을 정교화하는 데에 활용할 수 있는 추가 자료를 제시함으로써 학생들의 생산적인 실행을 지원한 사례를 살펴보고자 한다. **부록**의 **활동 RT-5**에 제시된 물음에 관해 생각해본 후에 다음의 내용을 읽어 보사.

표 4.8에는 앞 절의 사례에 등장한 교사가 진행한 동일한 수업이지만, 앞의 사례와는 다른 소집단에서 이루어진 담화가 제시되어 있다.

표 4.8 소집단2에서 교사 개입 시 이루어진 담화1

화자	발화
교사	너(학생F) 뭐라고 설명했어? 한 번 이야기해봐.
(…)	
학생G	E가 제일 타당하게 든 것, 들 것 같은데요.
교사	E가 제일 타당하게 된 것 같아? E 의견 이야기해봐, 그럼.
학생E	모든 신경은 뇌와 척수에 연결되어 있는데, 척추 위에는 척추와 척추가, 아니 척수가 붙어있어 내려가기가 편한데, 손등 위는 손등에서 척수로 간 후 내려가야 돼서 좀 더 오래 걸리고 (…)
교사	아, 니네는[너희는] 뭐를 제일 빨리 느꼈는데, 혹시? 실험 결과가?
학생E	저희요? 척수.
학생G	척추, 척수.
교사	(자신의 머리 위에 손을 올리며) 정수리 위를 제일 빨리 느꼈어?
학생E	아니요, 척수.
학생G	척추, 척수.
교사	아, 척수. 그 다음에?
학생E	그 다음에 손등.
학생G	그 다음은 손등.
교사	손등.
학생G	그 다음에 허리, 그 척수.
학생E	그 다음에 머리. 대가리.
학생G	아, 그 다음에 머리.
교사	그러면 니[학생E]가 한 설명에 따르면, 뇌가 더 가깝지 않아, 정수리 위가?
학생E	(고개를 가로저으며) 아아아아
학생G	그러면은 뼈에, 갖, 그,
학생E	마지막은
학생G	뼈에 이렇게 눌려 있잖아요.

위 담화에서는 어떠한 인식론적 자원이 활성화되었는가? 담화 초반부에서 드러나듯이 이 소집단은 실험 결과가 다른 조들과 달랐다. 다른 조들은 실험 결과가 '손등 위-척추 위-정수리 위'의 순서로 나온 반면, 이 조에서는 '척추 위-손등 위-정수리 위'의 순서로

나왔다. 이처럼 학생들의 실험 결과가 일반적인 경우와 다른 경우, 교사는 학생들을 지원하는 과정에서 어려움을 느끼게 된다.

이때 교사가 어떻게 반응했는지 살펴보자. 교사는 먼저 학생들이 어떻게 정당화를 구성했는지 물어보며 학생들의 의견을 이끌어냈다. 그리고 학생E가 과학 지식과 다른 응답을 하자, 교사는 학생들의 활동 결과로 얻은 데이터를 확인하였다. 여기서 교사는 '학생들 자신이 얻은 데이터를 기반으로 타당하게 정당화하였는지'를 중심에 두고 학생들의 의견을 바라보았다는 점이 드러난다. 교사는 학생들이 '중추 신경계로부터의 거리'에 따라 정당화하였음을 파악하고, 학생들이 고려할 수 있는 추가 자료를 제공하여 학생들이 고안한 추론은 자료를 일관적으로 정당화하지 못한다는 점을 보였다. 아래는 위 담화 직후 이루어진 교사의 반응이다.

표 4.9 소집단2에서 교사 개입 시 이루어진 담화2

화자	발화
교사	아, 뼈가 있어서? 근데 지금 뼈가 있어도 내가 만지면 감각이 잘 느껴지잖아.
학생E	그러네?
학생G	그러게? 뭔가, 뭔가, 설득을 할 수가 없겠어요.
교사	응. 한 번 다른, 이거, 이 카드를 더 읽어보고 다른 거 그럼 한 번 생각해볼까? 다른 설로 뭔가 설명할 수 있을까?

학생들이 정수리 위는 뼈에 눌려 예외라고 하자, 교사는 뼈가 있어도 머리 위 감각을 느낄 수 있다면서 추가적인 데이터를 제시하였다. 이때 교사는 뼈가 있다고 해서 감각을 느끼지 못하지는 않는다는 점을 단순히 말로 표현하지 않고, 머리 위를 직접 손으로 만져보게 함으로써 감각을 느끼는 경험을 하게 해주었다. 이는 학생들이 정당화를 수정하기 위해 직접 활용할 수 있는 데이터를 추가로 제시하는 효과를 가져왔다.

교사의 개입 후, 학생들은 원래 측정 결과와 추가로 얻은 데이터를 함께 설명하기 위해 관련 과학 지식을 탐색하였다. 그리고 표 4.10의 담화에서 드러나듯이 감각점의 수에 관한 과학 지식을 연계하여 타당한 정당화를 구성하였다.

표 4.10 소집단2에서 교사 개입 후 이루어진 담화

화자	발화
학생G	(카드를 읽으며) 피부 자극은 촉점에 연결되어 있는..
학생E	아니야, 아니야.
학생G	아니야?
학생E	이거, 그때, 저번에 했잖아. 이거 팔이 이렇게 하고 했는데 (왼쪽 팔을 뻗으며) 손이 제일 [감각점이] 많았잖아.
학생G	아.
학생E	(카드를 읽으며) 우리 몸에 분포하고 있는 감각점의 수가 부위별로 각각 다르기 때문에. 어, 손, 척수, 그 다음 머리야. 이렇게 하면.

이 사례에서 나타난 교사의 반응적 교수 실행을 되짚어보자<그림 4.4>. 교사는 앞서 **1 반박을 통한 인식론적 측면에서의 반응적 교수**에서 보았던 바와 유사하게 학생들의 활동 결과에 주목하게 하고 이들의 추론을 이끌어내었으며, 학생들이 무엇에 기반을 두고 정당화하였는지에 주의를 기울였다. 하지만 이전의 사례에서와 달리 이 소집단에서는 학생들의 활동 결과가 일반적인 경우와 다르게 나타났다. 교사는 이에 대해 학생들의 활동 결과가 "틀렸다"고 지적하지 않았다. 이보다는 학생들이 고안한 추론(뇌에서 가까울수록 빠르게 감지한다)이 활동 결과를 일관적으로 설명하지 못한다(정수리가 뇌에서 가장 가깝지만 가장 늦게 느낀다)는 점을 인식하고, 학생들이 추론을 정교화하는 데에 활용할 수 있는 추가 자료를 제시하였다. 이러한 교사의 반응적 교수 실행은 학생들로 하여금 스스로 활동 결과를 되짚어보게 함으로써 논변을 정교화하는 생산적인 논의를 촉진하였다.

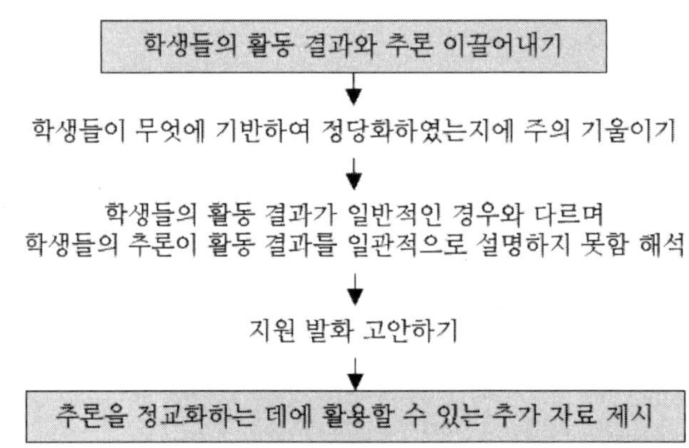

| 그림 4.4 | 추가 자료 제시를 통한 인식론적 측면에서의 반응적 교수 실행

이처럼 학생들의 인식론적 측면에 대한 반응적 교수학습은 논변활동에서 학생들의 사고를 논의의 중심으로 끌어와, 그들이 논의에 참여할 수 있는 인식적 권위를 갖고 과학적 지식을 구성할 수 있도록 지원해주는 교수법이다(Elby & Hammer, 2010; Hutchison & Hammer, 2010; Maskiewicz & Winters, 2012; Rosenberg, hammer, & Phelan, 2006). 위에서 제시한 반응적 교수 사례들을 보면, 교사는 학생들의 사고를 '평가'하는 관점에서 벗어나서 학생들이 '데이터에 근거하여 타당한 정당화를 제시하였는지' 여부에 중점을 두고 학생들의 응답을 해석하였다. 이를 통해 교사는 '학생들이 타당한 지식을 구성하는 과정에 참여할 수 있다'고 바라보는 자신의 관점을 드러내었다. 그리고 학생들이 비판적 관점에서 사회적 상호작용을 하면서 서로 합의를 통해 타당한 주장을 구성하도록 촉진할 수 있었다. 이는 반응적 교수법이 학생들로 하여금 과학 공동체의 인식적 실행에 참여하게 도와줌으로써 과학 수업에 논변활동을 도입한 본래 취지를 살리는 방법이 될 수 있음을 시사한다.

4.4 반응적 교수 실행의 다양성

지금까지는 과학자 공동체의 인식적 실행을 잘 이해하고 있는 교사가 수행한 수업에서 인식론적 측면의 자원 활성화 사례들을 살펴보았다. 하지만 이 사례들은 과학자 공동체의 인식적 실행이 지니는 다양한 면모들 중 일부만을 반영하고 있을 뿐이다. 다시 말해서, 이밖에도 과학자 공동체의 실행을 반영하여 다양한 형태의 논변활동과 반응적 교수법을 실행할 수 있다. 더 나아가 수업의 진행에서 교사가 주목하는 바에 따라 그 수업의 목표가 매순간 달라지기도 하는데(Robertson et al., 2015), 이는 논변활동과 반응적 교수 실행이 더 다양한 모습으로 이루어질 수 있다는 점을 암시한다.

과학의 수많은 면모를 한꺼번에 한 과학 수업에 담아내기란 매우 어려운 일이다. 또한 그것이 과연 효과적인 방법인가에 대한 의문을 가지면서, 우리는 논변활동과 반응적 교수법을 하나의 이상적이며 추상적인 모습으로 일반화하는 것을 지양하고자 한다. 그보다는 수업 맥락에 따라 반응적 교수 실행이 다양한 양상으로 나타날 수 있다는 가능성을 열어둘 것을 강조한다. 다만 학생의 자원을 해석하고 이를 토대로 과학 공동체의 실행으로 나아가도록 지원해주고자 하는 교수 실행을 반응적 교수 실행으로 보고자 한다.

이번 절에서는 두 교사의 반응적 교수 사례(하희수 등, 2018)를 통해 반응적 교수 실행의 다양성을 다뤄보고자 한다(**부록**의 활동 RT-6, 7 참조).[11*] 두 사례 모두에서 모둠별로 합의된 논변을 고안하는 소집단 논변활동이 진행되었고, 그 뒤에 전체 논의가 진행되었다. 전체 논의에서는 각 소집단 별로 구성된 논변을 살펴보며 수업을 마무리하는 논의가 진행되었다. 이때 두 교사가 논변활동의 어떠한 측면을 강조하여 학생들이 소집단별로 구성한 논변에 반응하였는지 살펴보자.

1 교사3의 반응적 교수 실행 - 학생들의 추론이 명료히 드러나도록 지원하기

이 사례는 중학교 2학년 과학 '자극과 반응' 단원에서 청각 기관의 이상에 관한 소집단 논변활동 수업에서 포착되었다(**부록**의 활동 RT-6 참조). 그림 4.5는 이 수업에 사용된 활동지의 일부이다(**부록**의 A-10 참조). 학생들은 '텔레비전을 보면서 차를 타면 멀미를 예방하는 데 도움이 될 수 있어. 왜냐하면 시각 자극과 청각 자극을 일치시킬 수 있기

용팔이와 여진이는 여름방학 때 가족들과 물놀이를 다녀온 이야기를 나누던 중, 멀미로 고생한 경험을 떠올리게 되었다. 과학 수업 시간에 <눈의 자극과 귀의 자극이 일치하지 않을 때 멀미가 심해진다>고 배운 내용이 떠오른 용팔이는 멀미를 예방할 수 있는 방법에 대해 아래와 같이 생각하였다.

용팔이의 주장	"차에서 텔레비전을 보면 멀미를 예방하는 데에 도움이 될 수 있어. 왜냐하면 시각 자극과 청각 자극을 일치시킬 수 있기 때문이야."
멀미를 예방할 수 있는 일반적인 방법들	▪ 눈을 감아 시각 자극을 차단시킨다. ▪ 안대를 착용한다. ▪ 귀 밑에 멀미약을 붙여서 귀의 감각 신경을 마비시킨다. ▪ 차를 잠시 세운다. ▪ 창밖의 풍경을 보면서 이동한다.
증거를 바탕으로 추론하기	용팔이의 주장이 타당하다고 생각하는가? 그렇게 생각한 이유를 자유롭게 적어보자. ▪ 자신의 의견 : ▪ 이유:

| 그림 4.5 | '멀미를 이기려면?' 활동지

11* 이번 절에서 소개하는 실제 교실 담화와 그 담화로부터 유추한 인식론적 자원의 활성화에 관한 설명은 하희수 등(2018)의 연구를 바탕으로 한다.

때문이야.'라는 논변을 평가하고 논의를 통해 소집단 별로 합의된 의견을 고안하였다. 소집단 논의 과정에서 교사3은 순회 지도를 통해 각 소집단 별로 이루어지는 논변활동을 파악하고 학생들의 논의 과정을 지원하였다.

이러한 소집단 논변활동이 이루어진 이후에는 교사의 주도로 전체 논의가 진행되었다. 교사는 전체 논의에서 각 소집단별로 구성된 논변을 순차적으로 발표하도록 하였다. 표 4.11은 각 소집단이 전체 발표를 시작하면서 제시한 내용을 요약해서 보여준다. 학생들이 소집단별로 구성한 논변에는 과학적으로 옳지 않은 내용이 포함되어 있기는 하지만, 이들은 근거를 들어 자신의 주장을 정당화하는 추론을 하였다. 표 4.12는 교사의 지시에 따라 한 학생(2B)이 자신의 소집단에서 구성된 논변을 발표할 때, 교사3의 반응적 교수 실행을 드러낸다.

학생2B는 손가락을 이용한 제스처를 활용하며 소집단에서 구성된 논변을 제시했다. 그러나 학생2B의 설명은 어떠한 상황에서 어떤 주체가 움직인다는 것인지 명확하게 표현되지 않아, 발화에서 주장과 근거를 파악하기 어려웠다. 이에 교사3은 학생2B의 설명을 듣고 자신이 해석한 바가 맞는지 되물었다("창밖을 멀리 보는 것에 대해서 설명한 거죠?"). 교사의 질문에 학생2B와 같은 소집단에 속한 학생2D는 설명을 보충하면서 주장에 대한 근거를 제시하였다. 그러나 '전정기관이 기울어진 방향과 창밖을 보는 것의 방향이 같다'와 '텔레비전을 보면 방향이 달라진다'는 학생2D의 설명 또한 구체적으로 어떻게 방향이 달라진다는 것인지 여전히 분명하지 않았다. 이에 교사는 학생2D의 발화

표 4.11 '멀미를 이기려면?' 활동에서 학생들이 구성한 논변

주장	추론 예
용팔이의 주장은 타당하다.	· 시각으로도 보고 텔레비전 소리를 청각으로도 들어서, 한 곳으로 집중되어 차에는 신경을 안 쓸 것 같기 때문에
용팔이의 주장은 타당하지 않다.	· 시각은 텔레비전을 보고 귀(의 평형 감각)에서는 차가 움직이는 걸 느끼기 때문에 시각 자극과 청각 자극이 일치하지 않으므로 멀미는 더 심해진다. · 눈은 방송에 집중하고 있고, 방송이 귀의 소리 감각에 영향을 줘서 대뇌에 무리가 가기 때문에 · 이동할 때는 눈의 자극과 귀의 자극이 일치하지 않는다. 왜냐하면 귀에서 소리도 듣고, 차가 흔들리기 때문에 전정기관과 반고리관에서 음파가 섞여 혼란이 와서 제 기능을 하지 못하기 때문이다. · 시각 자극을 차단해야 혼란스럽지 않아서 멀미가 나지 않을 것이다. · 차의 진동과 텔레비전의 소리가 겹쳐서 혼란스럽기 때문에

표 4.12 교사3의 수업에서 이루어진 학급 전체 논의

화자	발화
학생2B	그 전정기관이요. 이렇게(오른손가락을 왼쪽으로 움직이며) 가면은, 가면요. 이렇게(손가락을 오른쪽으로 움직이며) 기울어지잖아요.
교사	네.
학생2B	근데, 그, 창밖의 나무를 보면 나무는 이쪽으로 (손가락을 오른쪽으로 움직이며) 가잖아요. 방향이 같아서, 오히려 그게 더 멀미를 안 할 것 같은데.
학생2D	응?
(…)	
교사	잠깐만, 지금, 지금 얘기한 게, 창밖을 멀리 보는 것에 대해서 설명한 거죠?
학생2D	전정기관이 기울어지는 거랑 창밖을 보는 거랑 방향이 같아서 멀미를 안 하는데, 텔레비전을 보면 방향이 달라져서 멀미를 더 하게 된다고요.
교사	방향이 다르다? 텔레비전 보는 건 왜 방향이 다르다고 생각한 거야?
학생2B	어, 사람들이 이렇게도 움직이고(왼쪽으로 손을 움직이며) 저렇게도(오른쪽으로 손을 움직이며) 움직이잖아요.
교사	아, 이렇게도 움직이고 저렇게도 움직이는 것은 나랑[나의 멀미와] 무슨 상관이 있지?
학생들	(웃음)
교사	아냐, 아냐, 애들아. 선생님이 막 뭘 하려는 게 아니라 생각을 정확히 듣고 싶어서 그런 거예요. 어.
학생2B	어, 그니까, 전정기관 그 방향하고 보는 것하고 방향이 같으면 멀미를, 어.
교사	(학생2B의 말에 이어서) [멀미를] 안 한다.
학생2B	(…) 네. 맞아요.
교사	어, 근데 텔레비전을 보는 거는 방향이 달라질 것 같다?
학생2B	네. 상관이 없어가지고.
교사	음, 그렇게 본 거 (…) 그 다음에 이쪽 조 할 차례지? 그 다음에, 여기 손들었잖아? 여기가 타당하다고 했기 때문에, 여기 것을 좀 잘 들어보자.

또한 다시 그 의미를 구체적으로 설명해달라고 요청했다. 그리고 방향의 차이가 어떻게 학생들의 주장을 뒷받침하는지 질문하여("아, 이렇게도 움직이고 저렇게도 움직이는 것은 나랑(나의 멀미와) 무슨 상관이 있지?"), 주장을 뒷받침하는 추론을 명료히 제시해줄 것을 요청하였다.

교사3의 반응적 교수 실행을 되짚어보자<그림 4.6>. 먼저 각 소집단에서 구성한 논변을 발표하게 함으로써 학생의 사고를 표현하게 하였고, 발표에서는 추론에 해당하는 부분에 주의를 기울였다. 그리고 추론이 주장을 어떻게 뒷받침하고 있는지에 주목하여, 학

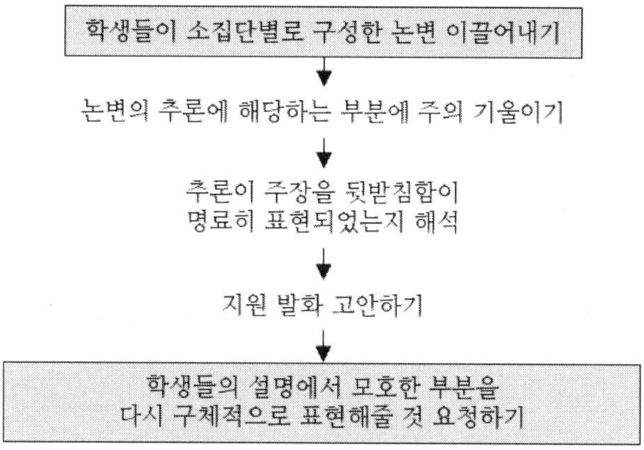

| 그림 4.6 | 교사3의 반응적 교수 실행

생이 이를 명료히 표현하고 있는 지를 해석하였다. 그리고 학생의 추론이 불분명하다고 생각한 경우에는 질문의 형식을 빌려서 다시 구체적으로 표현하도록 반응하였다. 이러한 논의 패턴은 다른 소집단의 발표에서도 지속되었다. 즉, 교사는 전체 논의에서 학생들이 소집단 별로 구성한 논변을 명확하게 표현하고 이를 공유하도록 하는 데에 초점을 두었다. 이는 학생들이 자신의 생각을 구체적으로 표현할 뿐만 아니라 학생들이 자신의 생각을 되짚어보고 논변을 정교화하도록 지원하였다(Chin, 2006).

이 교사는 순회 지도를 하면서 학생들이 인식론적 측면에서 과학적 용어나 과학 수업에서 다루어진 개념을 활용해야 한다고 여기며 과학적 지식의 권위에 의존하여 논변을 구성하는 비생산적인 실행을 보인다는 점에 주목을 하였다. 그리고 이는 교사로 하여금 위에 제시한 바와 같이 반응하게 만든 계기가 되었다. 학생들의 실행에 대한 교사의 이와 같은 해석은 교사3의 아래 인터뷰 응답에서 드러난다.

> "[한 학생이 차 안의 사람이 인지하는 이동] 방향은 귀의 자극이라고 표현했는데, (…) 걔의 말에 반박을 하길 바랐어요. (…) 그래서 [소집단 활동을 지원하면서] 애들한테 질문을 할 때도 보통, 여기서 귀의 자극이 뭐라고 생각하는지 좀 물어봤고, 그래서 반박을 하길 바랐는데, 반박이 아직 익숙하지 않은 것 같았어요. (…)애들이 경험적 근거는 쓰면 안 된다고 생각했던 거는 좀 (…) 걔네(표 4.12의 소집단 학생)들은 거기 있는 데이터도 활용하고 하길래, 내가 그 말을 덧붙였어요. 아, 얘네 조는 다양한 근거를 들었구나. 경험적 근거까지 해서. 그렇게 말은 했어요, 일부러."

위 인터뷰로부터 알 수 있듯이 교사3은 학생들이 자신의 지식과 경험 또한 타당한 논변을 구성하는 데에 활용될 수 있다는 점을 인식하길 바랐다. 이에 전체 논의에서 논변을 고안하는 데에 활용된 학생들의 사고를 더 깊이 들여다보았고, 추론을 정교화하는 데에 집중하였다.

2 교사4의 반응적 교수 실행 - 학생들이 서로 반박을 주고받도록 지원하기

교사4의 사례는 중학교 2학년 과학 '자극과 반응' 단원에서 청각 기관의 이상에 관한 다른 주제의 논변활동(**부록**의 **활동 A-11**)에서 이루어졌다. **부록**의 활동 RT-7 에 제시된 질문에 답하면서 학생들 사이에 반박이 이루어지도록 지원하는 반응적 교수 과정을 살펴보자.

이 수업에서 사용된 활동지의 일부를 보여주고 있는 그림 4.7에 나타나 있듯이, 이 논변활동은 '고막이 찢어지면 소리가 전달되지 않기 때문에 소리를 들을 수 없다'는 논변 예시(유정이의 논변)를 평가하도록 설계되었다.

이 수업에서도 소집단 논의가 진행된 후에 전체 논의가 이루어졌는데, 표 4.13은 이 수업에서 학생들이 소집단별로 구성한 논변을 보여준다. 이 학급에서 예시 주장에 대해 찬성 또는 반대하는 소집단의 수는 각각 비슷하게 나타났으며, 각 소집단에서 구성한 논변에 과학적으로 옳지 않은 내용이 포함되어 있기는 하지만 근거를 들어 주장을 정당화하는 추론이 잘 드러나 있다.

수영장에 갔다 온 보검이는 귀에 물이 들어간 느낌을 받았다. 그래서 면봉으로 귀를 닦던 도중 고막이 찢어졌다. 보검이가 다음 날 학교에 오지 못하자, 이 소식을 들은 유정이는 보검이가 소리를 들을 수 있을지 궁금해졌다. 유정이는 보검이가 소리를 들을 수 없을 것이라며 다음과 같이 말하였다.

유정이의 주장	"보검이는 소리를 듣지 못할 거야. 왜냐하면 고막이 찢어지면 소리를 전달할 수 없거든."
근거를 들어 주장하기	저는 유정이의 주장에 (찬성, 반대) 합니다. 왜냐하면...

| 그림 4.7 | '고막이 찢어지면' 활동지

표 4.13 '고막이 찢어지면' 활동에서 학생들이 구성한 논변

주장	추론 예
유정이의 주장에 찬성한다.	· 소리의 본질은 진동이다. 외이도는 진동을 전달 못하고 통로일 뿐이고 달팽이관에 직접 전달하지 못한다. 고막이 직접적으로 달팽이관과 이어지기 때문에 고막이 있어야 소리를 들을 수 있다. · 고막이 소리를 전달하는 통로인데 그 통로가 막혔으니 소리를 못 들을 것이다. · 고막이 소리에 의해 진동하기 때문이다. 고막으로 들어오는 진동을 귓속뼈를 이용해 달팽이관으로 보내고 그 청각세포에 흥분하지 않고 청각 신경이 전달을 못하니까 · 모든 소리는 고막이 진동을 느껴야 하기 때문에
유정이의 주장에 반대한다.	· 고막은 소리에 의해 진동을 하는데 진동의 형태로 전달되는 기관이 고막을 빼도 무려 3개(외이도, 달팽이관, 귓속뼈)가 있기 때문에 · 고막은 소리를 전달하는 기관이다. 고막은 소리에 의해 진동하는데, 고막이 찢어져도 약간 진동할 수 있기 때문에 · 찢어져도 외이도로 들어오는 소리로 인해 고막은 어찌됐든 진동을 할 것이다. 진동이 약해질진 모르지만 어쨌든 진동으로 인해 소리가 들릴 것이다.

교사4도 앞의 사례에서 제시된 교사3과 마찬가지로 학생들의 소집단 논의가 이루어지는 동안 순회 지도를 통해 학생들의 생각을 파악하고 논의를 지원하였고, 그 후의 학급 전체 논의에서도 학생들을 지원하는 모습을 보였다. 이제부터는 교사4가 전체 논의에서 학생들이 제시한 의견에 어떻게 반응하면서 논의를 이끌어갔는지 살펴보자. 교사4는 각 소집단이 소집단 논의에서 구성한 주장을 칠판에 기록한 뒤에 전체 논의를 시작하였으며, 표 4.14에는 이 논의의 일부가 제시되어 있다.

교사4는 전체 논의를 시작하기에 앞서 각 소집단의 논변을 칠판에 기록해두어, 학생들이 각 소집단 별로 구성된 논변이 서로 다름을 파악하고 추가 논의의 필요성을 인식할 수 있도록 지원하였다. 그리고 소집단 1에게 소집단에서 구성한 논변을 공유해줄 것을 요청하였고, 이에 학생1B는 '청각 기관 내로의 진동 유입 여부에 따른 청각 성립 여부'에 따라 정당화된 주장을 발표하였다.

이때 교사는 학생1B가 발표하는 동안 자신과 마주앉은 학생과 다른 이야기를 하던 학생6D에게 학생1B가 제시한 의견을 이해하였는지 물었고, 그 후 학생들에게 학생1B의 논변에 대한 반박을 제시할 것을 요청하였다. 이러한 실행으로부터 교사4가 전체 논의를 "학생들이 서로의 의견을 듣고 그 의견에 관해 적극적으로 개입하며 논의하는 활동"으로

표 4.14 교사4의 수업에서 이루어진 학급 전체 논의

화자	발화
교사	(각 소집단에서 구성한 논변을 칠판에 기록한 뒤) 자, 1B 얘기 먼저 (…) 왜 들린다, 라고 생각했는지 한 번 얘기해보자.
학생1B	**외이도로 들어오는 소리로 인해 고막은 어찌됐든 진동을 할 뿐이기 때문에, 진동이 약해질지 모르겠지만, 어쨌든 진동으로 인해 소리가 들릴 것입니다.**
교사	들었니, 6D야? (…) [학생 1B가] 뭐랬어?
학생1B	뭐랬냐면은요, 안 들린대요.
교사	뭐래. 들린다고. (…) 자, [1B가] 왜 들린다, 라고 했냐면, 찢어져도 어쨌든 진동이 들어오고, 그 진동이 약해질지는 모르겠지만, 어쨌든 진동을 하기는 하기 때문에 들릴 것이다, 라고 얘기를 했습니다. 자, 그럼 안 들린다 팀. 반박해보세요, 반박. (…) 안 들린다 팀. 반박 못 하니? 4B 반박해봐.
학생4B	귓속뼈가 고막의 진동을 내이의 달팽이관으로 전달하는데, 고막에 진동이 없으면 내이의 달팽이관으로 전달하는 게 없기 때문에 안 들린 (…)
교사	지금 4B가 뭐랬냐면, 고막이 찢어지면 진동을 할 수가 없기 때문에 전달이 안 될 꺼다, 라고 얘기를 했는데, 사실 그거는 1B에 대한 반박은 아니죠. 1B는 찢어져도 진동할 거라는데?
(…)	
학생7B	고막하고 달팽이관을 이어주는 게 귓속뼈인데, (…) 고막이 찢어져도[지면] (…) 통로가 늘어나게 된다는데, 외이도가. 그러면은 귓속뼈가 나중에 제 2의 고막 역할을 하게 돼요.
교사	들었니? 자, 얘들아. 고막이 찢어져도 진동이 들어오면, 고막 대신 귓속뼈가 고막의 역할을 해서, 진동을 해서 전달이 될 것이다. 반박할 수 있는 사람?
학생3A	(손을 든다)
교사	어, 3A 얘기해봐.
학생3A	근데 고막이라는 게 소리를 진동으로 바꿔주는 기관인데, 귓속뼈는 그 기능을 하지 못하잖아요.
교사	자, 얘들아. 3A가 지금 뭐라 했냐면, 고막이 소리를 진동으로 바꿔준대요. 자, 이거에 대해서 반박할 수 있는 사람?
학생7C	(손을 든다)
교사	어, 7C야, 얘기해봐.
학생7C	그니까 제가 보기에는 그 안에 있는 관들이 전부 필요 없을 거 같은데? (…) 청각 신경만 있지, 나머지는 필요 없을 것 같아요. (…) 이유가, 그, 소리가 진동이랑 같은 거잖아요. 그니까 딱 들어오면, 그, 그냥 바로, 바로 뇌로 들어와서

※ 학생명은 '소집단(1~7조)+구성원(A, B, C, D)'으로 표기하였다. 예를 들어, '학생4A', '학생4B'은 4조에 속한 학생들을 표기한 것이다.

여겼음이 드러났다. 그러한 관점 하에 교사는 다른 소집단 학생들이 학생1B의 발화에 집중하지 않는 모습에 주목하였고, 이들이 전체 논의를 서로의 의견을 공유하는 활동으로서 여길 수 있도록 학생6D로 하여금 학생1B의 발화 내용에 대해 자신의 의견을 제시하도록 요청한 것이다.

교사는 그 후에 학생1B의 발화 내용을 자신의 말로 정리해서 학급 전체와 공유하고, 이에 대해 반박을 하도록 요청하였다. 이러한 교사의 반박 제시 요청에 따라 학생4B는 '진동의 전달 경로가 고막에서 귓속뼈로 이어지며, 고막이 없어지면 전달이 되지 않는다'는 논리로 반박을 제시하였다. 이에 교사는 학생4B의 반론에 담긴 정당화를 다시 한 번 학생들에게 전달하고, 학생4B의 반론은 학생1B의 논변에 대한 반박이 아니라고 하였다. 교사가 이처럼 반박이 되지 못한다고 강조를 한 이유는 학급의 학생들로 하여금 학생4B와 학생1B 정당화 추론을 비교하는 것이 중요하다고 여겼기 때문이다. 학생1B의 논변에서 정당화의 핵심이 '고막이 찢어져도 약하게나마 진동을 할 것'인데 비해, 학생4B의 논변에 내포된 정당화 추론은 '진동을 전달하는 고막이 없어지기 때문'이다. 이러한 차이를 간파한 교사는 학생1B의 추론(고막이 찢어져도 진동할 것임)을 명료하게 질문 형태로 제시함으로써 학생들의 추론을 유도하였다. 이는 학생들로 하여금 서로의 의견들을 공유하고 서로의 논변에 대해 비판적으로 검토하고 평가할 수 있도록 지원하는 반응적 교수 사례라 할 수 있다. 이와 같은 수업은 학생들에게 추론할 기회를 제공하며, 교실 전체 논의를 자신들의 활동으로서 여기게 할 수 있다.

하지만 교사의 이러한 지원에도 불구하고 학생들은 학생1B의 주장을 뒷받침하는 다양한 추론을 제시하는 데에 치중하였다. 교사는 학생들이 제시하는 정당화를 받아들이면서도 계속해서 서로의 생각에 대해 반박을 제시해주길 지속적으로 요청하였고, 학생3A는 "고막이 찢어지면 귓속뼈가 고막의 역할을 해서 진동이 전달된다"는 학생7B의 주장에 대하여 "소리를 진동으로 바꿔주는 기관인 고막이 없으면 소리가 진동으로 바뀌지 못한다"는 반박을 제시하였다. 비록 학생3A의 반박은 소리에 관하여 과학 지식과 부합하지 않는 개념을 담고 있지만, 교사는 학생3A의 발화가 학생7B의 정당화에 대한 반박에 해당한다는 점을 인정하고 다른 학생들에게 해당 발화에 관하여 검토해볼 것을 요청하였다. 교사는 학생7B의 발화를 다 함께 논의해볼 대상으로 인정하는 모습을 보였고, 이로부터 다시 한 번 전체 논의에서 논변의 추론에 대한 비판적 검토가 이루어지길 기대하는 교사의 의도가 드러났다.

곧바로 학생7C는 다시 반박을 통해 학생3A의 반박에 담긴 개념적 측면에서의 한계를 짚으며 과학적 개념으로 수정해나갔다. 하지만 학생7B의 반박에서도 청각의 성립 경로에 관하여 과학적이지 않은 개념이 드러났고, 이 또한 다른 학생의 반박을 통해 수정되었다.

위 논변활동에서 교사4는 어떠한 반응적 교수 실행은 보였는지 정리해보자<그림 4.8>. 교사4는 소집단 1에서 구성된 논변을 먼저 제시하게 한 뒤, 다른 소집단의 학생들로 하여금 소집단 1에서 구성된 논변에 대해 비판적 검토와 수정을 하도록 함으로써 자신들의 의견을 제시하도록 이끌었다. 이 과정에서 교사는 학생들의 발화를 해석함으로써 직전에 논의된 논변에 대한 비판적 검토를 담고 있는 지의 여부를 확인하였고, 그러한 발화를 논의에 기여하는 대상으로서 인정하는 모습을 보였다. 즉, 교사는 학생들의 인식론적 실행에 대한 검토자로서 위치하고, 학생들로 하여금 소집단에서 구성된 논변에 대한 비판적 평가를 통해 교실 전체에서 합의된 논변을 구성하도록 촉진하였다. 이러한 교사의 의도는 아래와 같은 교사4의 인터뷰 응답에서도 잘 드러난다.

> 「 "가급적 내가 질문하고 애들 입에서 뭔가 얘기가 나오게 하는 것 같아요. 애들이 뭘 잘못 얘기하는 것도 내가 바로 얘기해주기보다는 얘의 생각에 대해 혹시 다른 의견 있는 사람? 약간 이런 식으로 (…) 제가 얘기해도 애들이 잘 안 들으니까 그러는 것도 있고 (…) [학생들이] 그래도 내 말보다는 애들[서로의] 말을 잘 듣는 것 같은데요. (…) 또 뭐, 다른 아이들의 의견은 어떤지 궁금하기도 하고요. (…) 의견이 서로 상반될 때는 서로의 근거를 얘기해보고, (…) 이 의견에 대해서는 다른 반대 의견인 사람들은 어떻게 생각 하냐고, 그런 식으로." 」

이처럼 교사4는 학생들이 서로의 의견에 귀 기울이고 반박을 주고받는 논의에 참여하도록 장려하여 논변활동의 변증법적 측면을 강조하고자 하였다. 이는 교사3이 질문을 반복함으로써 각 소집단 학생들에게 추론을 명시적으로 드러내게 한 것과 구분되지만, 논변활동의 또 다른 주요 측면을 반영한 반응적 교수 실행이다.

두 사례에서 볼 수 있는 것처럼, 반응적 교수법은 학생의 사고를 자원으로 바라보는 교사가 수업 상황을 적절히 해석하면서 이루어지는 교수 방법이기에, 현장의 상황에 따라 다양하게 나타날 수 있다. 논변활동에 대한 교사의 이해뿐만 아니라 다양한 교수 목표, 여러 환경적 제약에 따라 반응적 교수학습 실행은 무수히 다양하게 나타날 수 있다. 다만 과학 수업에서 어떻게 학생들의 사고를 자원으로서 이끌어내고 이를 토대로 과학

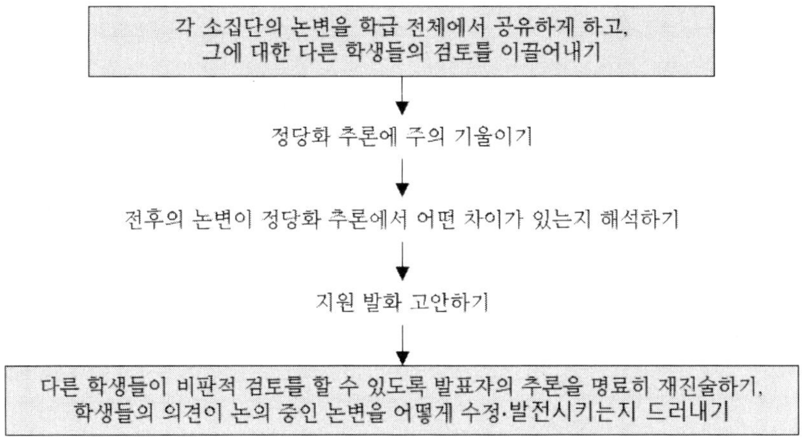

| 그림 4.8 | 교사3의 반응적 교수 실행

지식을 구성해갈 수 있을지 고민한다는 점에서 반응적 교수법은 일관되며, 학생들이 과학 지식을 구성하는 주체가 될 수 있도록 지원하는 교수 방법으로서 그 의의를 지닌다.

참고문헌

박지영, 김희백 (2018). 논변활동 중심 과학 수업에서 교사의 반응적 교수 실행 탐색 - 논변의 구조적・대화적 측면을 중심으로-. 한국과학교육학회지, 38(1), 69-85.

하희수, 김희백 (2017). 소집단 논변활동에서 반응적 교수법이 학생들의 인식론적 프레이밍에 미치는 영향 탐색. 한국과학교육학회지, 37(1), 63-75.

하희수, 이영미, 김희백 (2018). 소집단 논변활동 후 전체 논의에서 이루어진 교사의 반응적 교수 실행과 인식론적 프레이밍 탐색. 한국과학교육학회지, 38(1), 11-26.

Chin, C. (2006). Classroom interaction in science: Teacher questioning and feedback to students' responses. International Journal of Science Education, 28(11), 1315-1346.

Elby, A., & Hammer, D. (2010). Epistemological resources and framing: A cognitive framework for helping teachers interpret and respond to their students' epistemologies. In L. D. Bendixen & F. C. Feucht (Eds.), Personal epistemology in the classroom: Theory, research, and implications for practice (pp. 409-434). Cambridge: Cambridge University Press.

Hammer, D., Goldberg, F., & Fargason, S. (2012). Responsive teaching and the beginnings of energy in a third grade classroom. Review of Science, Mathematics, and ICT Education, 6(1), 51-72.

Hutchison, P., & Hammer, D. (2010). Attending to student epistemological framing in a science classroom. Science Education, 94(3), 506-524.

Jacobs, V. R., Lamb, L. C., & Philipp, R. A. (2010). Professional noticing of children's mathematical thinking. Journal for Research in Mathematics Education, 41, 169-202.

Kang, H., & Anderson, C. W. (2015). Supporting preservice science teachers' ability to attend and respond to student thinking by design. Science Education, 99(5), 863-895.

Levin, D. M., Hammer, D., & Coffey, J. E. (2009). Novice teachers' attention to student thinking. Journal of Teacher Education, 60(2), 142-154.

Lidar, M., Lundqvist, E., & Ostman, L. (2006). Teaching and learning in the science classroom: The interplay between teachers' epistemological moves and students' practical epistemology. Science Education, 90(1), 148-163.

Lineback, J. E. (2015). The redirection: An indicator of how teachers respond to student thinking. Journal of the Learning Sciences, 24(3), 419-460.

Maskiewicz, A. C., & Winters, V. A. (2012). Understanding the co-construction of inquiry practices: A case study of a responsive teaching environment. Journal of Research in Science Teaching, 49(4), 429-464.

Pierson, J. L. (2008). The relationship between patterns of classroom discourse and mathematics learning (Doctoral dissertaion). University of Texas at Austin. Austin, TX.

Robertson, A. D., Atkins, L. J., Levin, D. M., & Richards, J. (2015). What is responsive teaching? In A.

D. Robertson, R. E. Scherr, D., & D. Hammer, Responsive teaching in science and mathematics. Routlede: NY.

Rosebery, A. S., Warren, B., & Tucker-Raymond, E. (2016). Developing interpretive power in science teaching. Journal of Research in Science Teaching, 53(10), 1571-1600.

Rosenberg, S., Hammer, D., & Phelan, J. (2006). Multiple epistemological coherences in an eighth-grade discussion of the rock cycle. The Journal of the Learning Sciences, 15(2), 261-292.

Russ, R. S. (2018). Characterizing teacher attention to student thinking: A role for epistemological messages. Journal of Research in Science Teaching, 55(1), 94-120.

Thompson, J., Hagenah, S., Kang, H., Stroupe, D., Braaten, M., Colley, C., & Windschitl, M. (2016). Rigor and responsiveness in classroom activity. Teachers College Record, 118(5).

활동 A-1

논변활동 활동지의 예 1: '일상생활 속 논변활동'

스마트폰 사주세요!

2학년 반 번 모둠

이름 :

설득력 있는 주장을 하려면 어떻게 해야 할까요?

찬열이와 설현이는 스마트폰을 갖고 싶어 한다. 두 학생은 스마트폰을 사달라고 부탁하기 위해 어머니께 다음과 같이 편지를 썼다. 두 편지글을 읽고 아래 물음에 답해보자.

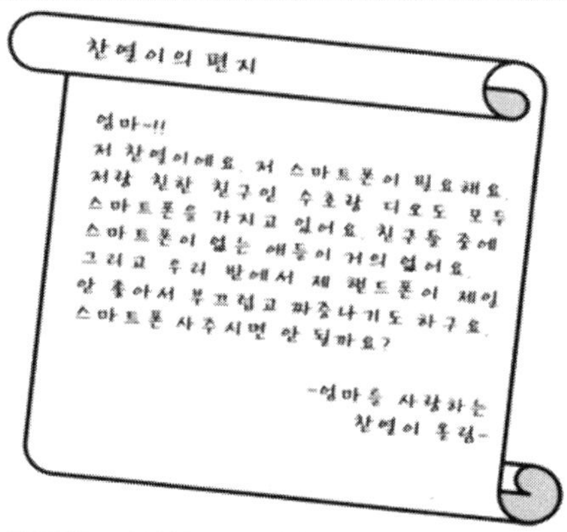

찬열이와 설현이의 편지글에서 자신의 주장과 스마트폰에 관련된 사실(데이터), 주장과 사실을 이어주는 것(정당화)을 각각 찾아서 적어보자.

- 찬열이의 주장:
- 관련된 사실(데이터):
- 주장과 사실을 이어주는 것(정당화):

- 설현이의 주장:
- 관련된 사실(데이터):
- 주장과 사실을 이어주는 것(정당화):

여러분이 어머니라면 누구의 부탁을 더 잘 받아들일 수 있을 것 같은가? 그렇게 생각한 이유는 무엇인가?

- _______의 부탁
- 이유:

위에서 자신이 선택한 학생에게 '어머니의 입장'에서 스마트폰을 사달라는 부탁을 들어주지 못한다는 답장을 그 이유와 함께 작성해보자.

활동 A-2 논변활동 활동지의 예 2: '침의 작용'

밥을 씹으면 왜 단맛이 날까?

2학년 반 번 모둠

이름 :

가람이는 밥을 꼭꼭 씹어 먹어야 한다는 엄마의 말씀을 듣고 밥을 오랫동안 씹어 먹다가 밥에서 단맛을 느꼈다. 어떤 과정에 의해 가람이가 단맛을 느끼게 되었을까?

가설 1	가설 2	가설 3
이가 밥 속에 있는 녹말을 포도당으로 잘게 쪼개기 때문에 단맛이 나는 것이다.	침이 밥 속에 있는 녹말을 포도당으로 분해하여 단맛이 나는 것이다.	밥이 침에 있는 어떤 성분을 변화시켜 침이 단맛이 나게 하는 것이다.

위의 가설 중 가장 적절하다고 생각되는 가설을 선택해보고, 선택한 이유를 적어보자.

▸ 선택한 가설 :

▸ 선택 이유 :

[밥은 씹으면 왜 단맛이 날까?]

가람이는 자신의 가설을 확인하기 위해 실험을 해보기로 했다.

실험 준비물	▪ 기구: 비커, 시험관, 시험관대, 시험관 집게, 스포이트, 온도계, 알코올램프, 막자와 막자사발 ▪ 재료 및 시약: 아이오딘-아이오딘화 칼륨 용액, 베네딕트 용액, 뷰렛 용액, 수단Ⅲ용액, 밥, 증류수, 거즈면 ➜ 어떤 물품이 필요할까요? 실험에 필요하다고 생각하는 것에 동그라미 합시다. 만약 여기에는 없지만 필요한 물품이 있다면 어떠한 것이 있을지 추가로 적어봅시다.
모둠원들과 실험 설계하기	전지에 구체적인 실험 계획과 예상 결과를 적어봅시다.
우리 모둠의 설계 발표하기	설계한 실험을 발표해보고, 다른 조의 설계 내용과 비교해보고 반박해보자. 설계한 실험이 선택한 가설을 잘 지지할 수 있는지, 또한 다른 가설을 기각할 수 있는지에 대해 논의해보자.

활동 A-3 논변활동 활동지의 예 3: '적혈구와 백혈구'

감기에 걸렸어요

2학년 반 번 모둠

이름 :

평소에 건강한 지혜는 친구들과 에어컨이 빵빵하게 나오는 시원한 교실에서 큰 목소리로 수다를 떠느라 목이 쉬어서 살짝 아픈가 싶더니... 결국 목감기에 걸렸다. 그 후 하루 이틀 조심하니, 약을 먹지 않았는데도 금세 회복되면서 말끔하게 나았다. 지혜는 약을 먹지 않고도 빠른 시간 안에 건강해진 것에 감사하며, 어떻게 목감기가 나을 수 있었는지를 궁금해 하기 시작했다.

주장 생각하기	지혜가 독한 감기로 결석을 했다. 하윤이는 지난 과학 시간에 배운 백혈구의 기능을 떠올리면서 백혈구의 수가 줄었는지 늘었는지 궁금해 했다. 그리고 다음과 같이 자신의 생각을 말했다. "백혈구 수는 줄었을 거야. 왜냐하면 감기균과 싸우느라 많이 죽었을 테니까."
주장을 뒷받침할 수 있는 증거 찾기	하윤이가 왜 그렇게 생각했을까? 하윤이의 생각을 지지하는 증거를 도움카드에서 골라 붙여보자. 만약 하윤이의 주장에 동의하지 않는 사람이 있다면, 왜 그렇게 생각했을까? 하윤이의 생각을 지지하지 않는 증거를 도움카드에서 골라 붙여보자.

(모둠 활동) **모둠 의견 정하기**	우리 모둠은 하윤이의 생각에 (찬성, 반대)합니다. 왜냐하면
(모둠 활동) **모둠 의견 정하기**	우리 모둠은 하윤이의 생각에 (찬성, 반대)합니다. 왜냐하면

도움 카드

백혈구는 적혈구보다 수가 훨씬 적다.	백혈구는 적혈구보다 크기가 더 크고 모양이 불규칙하다.
백혈구는 세균에 대항하는 물질을 만들어 질병으로부터 몸을 보호한다.	백혈구는 우리 몸에 세균 등이 침입하면 이를 잡아먹는 식균작용을 한다.
백혈구는 골수(뼈속)에서 만들어진다.	몸에 염증이 생긴 경우 백혈구 수치가 증가한다.
백혈구는 외부로부터 침입한 균과 싸운 후 죽는다.	질병에 걸렸을 때를 제외하면, 일반적으로 우리몸에서 백혈구 수치는 혈액 1㎣당 5,000-8,500개의 일정한 수로 유지된다.

활동 A-4 논변활동 활동지의 예 4: '뿌리의 기능'

뿌리는 왜?

1학년 반 번 모둠
이름 :

미국 중서부에 위치한 유타주는 건조한 지역이어서, 전체 면적의 75% 정도가 사막이다. 이곳에 사는 관목들은 그림과 같이 두꺼운 곧은 뿌리를 가지며 이 뿌리는 땅 속 깊이 뻗어있다. 관목의 한 종류인 메스키트 나무는 약 60m 깊이까지 뿌리를 뻗은 것이 관찰되기도 한다.

사진을 보고 주장 생각하기	왜 이 지역에 사는 관목들에서 그림과 같은 형태의 뿌리가 나타날까? 다음 두 주장 중 더 타당하다고 생각하는 것을 골라 ✔표시해보자. _____ 주장 1: 긴 뿌리는 식물을 지지하는데 도움이 된다. _____ 주장 2: 긴 뿌리는 식물이 수분을 잘 흡수할 수 있도록 한다.
주장1(지지 작용)을 뒷받침 할 수 있는 근거 찾기	주장 1을 뒷받침 할 수 있는 근거를 도움카드에서 골라 붙여보자.
주장 2(수분 흡수)를 뒷받침 할 수 있는 근거 찾기	주장 2를 뒷받침 할 수 있는 근거를 도움 카드에서 골라보자.

근거를 바탕으로 평가하기	어떤 주장이 더 타당한가? 어느 한쪽의 주장을 선택할 수 있는가?
근거 있는 주장 만들기	이 지역에 사는 관목들의 뿌리가 긴 이유를 근거를 들어 설명해보자.

도움 카드

뿌리가 잘 발달하지 않은 키가 큰 나무는 쓰러지기 쉽다.	사막 표면의 흙에는 물이 많지 않다.
식물이 자라기 위해서는 물이 필요하다.	땅 아래쪽에는 지하수가 있다.
뿌리가 토양 위쪽에 넓게 뻗은 경우에 식물을 잘 지탱한다.	나무들이 함께 모여 있는 경우 강한 바람에도 잘 쓰러지지 않는다.
식물이 잘 자라려면 꼿꼿이 서야 한다.	사막에는 매우 적은 양의 비가 온다.
사막에 사는 식물은 비가 오는 시기에 주로 생장 한다.	사막의 모래는 물체를 잘 지지하지 못한다.

활동 A-5 논변활동 활동지의 예 5[12*]: '잎 단면 구조'

어느 쪽이 윗면일까?

1학년　　반　　번　　모둠
이름 :

이수는 사철나무 잎의 단면을 관찰하기 위해 현미경표본을 만들었는데, 위쪽과 아래쪽을 표시해놓지 않아서 위아래를 구분할 수 없게 되었다.

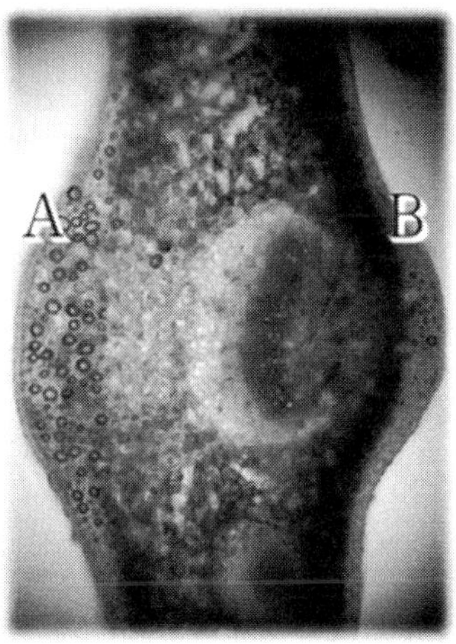

현미경으로 관찰한 모습이 왼쪽과 같다면, 어느 쪽이 윗면 일까?

어느 곳이 위이고, 아래인지를 그림에 표시해보자.

주장을 뒷받침 할 수 있는 근거 찾기	자신이 고른 주장이 옳다고 할 수 있는가? 이를 뒷받침 할 수 있는 근거를 도움카드에서 골라 붙여보자.
근거 있는 주장 만들기	어느 쪽이 윗면일지 근거를 들어 설명해보자.

12* 사진 자료 인용: 이용구의 현미경 실험실1.0[웹사이트]. (2013.06.17.). URL: http://yonggulee.egloos.com/ 1732774

도움 카드

울타리 조직과 해면 조직을 구성하는 세포들은 엽록체가 있어 초록색을 띤다.	잎 아랫면에 있는 기공을 통해 잎 안으로 들어온 이산화탄소는 해면 조직과 울타리 조직으로 전달된다.
잎 표면의 표피 세포는 투명해 빛이 잘 통과한다.	울타리 조직 아래에 해면 조직이 있다.
빛은 잎의 윗부분에서 먼저 흡수된다.	잎의 윗면에는 표피 세포 아래에 울타리 조직이 있다.
해면 조직에는 둥근 세포들이 불규칙적으로 배열되어 있다.	울타리 조직에는 길쭉한 세포들이 빽빽하게 배열되어 있다.

활동 A-6 논변활동 활동지의 예 6: '광합성에 필요한 물질에 관한 실험 설계하기'

광합성에 사용된 것은?

1학년 반 번 모둠
이름 :

[BTB용액의 성질]

BTB용액을 넣은 증류수에 입김을 불어 넣으면 이산화탄소가 녹아들어 용액의 색이 노란색으로 바뀐다. 노란색이 된 용액을 알코올램프로 가열하면 녹아있던 이산화탄소가 공기 중으로 빠져나와 순간적으로 파란색으로 바뀐다.

위와 같은 현상은 BTB용액의 다음과 같은 특성에 의해 일어난다.

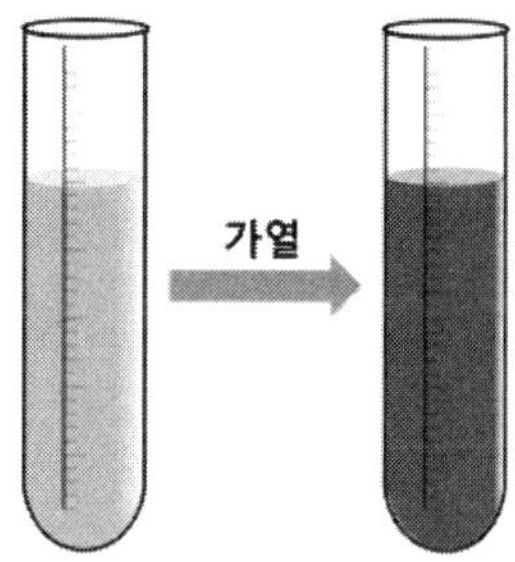

BTB 용액은 산성일 때 노란색, 중성일 때 초록색, 염기성일 때 파란색이다.

[광합성 과정에서 사용되는 것은?]

인지는 광합성이 일어날 때 어떤 물질이 사용되는 것인지 궁금해하다 옆반 친구인 채홍이에게 물어보았다. 채홍이는 이산화탄소가 사용된다는 이야기를 들어본 것 같다고 했고, 이 말을 들은 인지는 사실인지 알아보고 싶어 함께 실험을 해보자고 제안했다. 둘은 함께 과학실에 가서 일단 무엇이 필요할지 살펴보았다.

실험 준비물	▪ 기구: 시험관, 스포이드, 알고올램프, 진자저울, 스탠드, 약수서, 쌀때기 ▪ 재료 및 시약: 물풀(검정말), 증류수, BTB 용액, 알루미늄 포일, 비닐랩 ➜ 어떤 물품이 필요할까요? 실험에 필요하다고 생각하는 것에 동그라미 합시다.
모둠원들과 실험 설계하기	전지에 구체적인 실험 계획을 그려봅시다.

활동 A-7 논변활동 활동지의 예 7: '콩의 호흡'

싹튼콩의 무게

1학년 반 번 모둠
이름 :

무게와 수분 함량이 서로 같은 두 개의 강낭콩 씨앗 A와 B를 준비하였다. 두 강낭콩을 가지고 다음과 같은 실험을 했다.

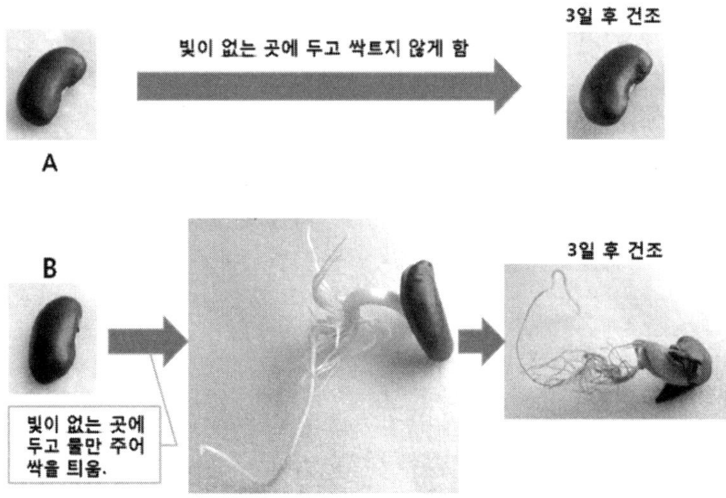

실험 결과 예상 하기	실험이 끝난 후 A와 B의 무게를 비교하였다. 두 콩의 무게는 어떨까? ① A 〉B ② A 〈 B ③ A = B
주장을 뒷받칠 수 있는 근거 찾기	자신이 고른 주장이 옳다고 할 수 있는가? 이를 뒷받침 할 수 있는 근거를 도움카드에서 골라 붙여보자.

모둠원들과 의견 나누기	모둠 활동지에 작성합시다.
근거 있는 주장 만들기	두 콩의 무게를 비교한 결과에 대해 근거를 들어 설명해보자.

도움 카드

식물은 광합성 산물을 이동시켜 씨와 열매에 저장한다.	콩 안에는 생장에 사용할 수 있는 양분이 들어있다.
콩이 싹틀 때에는 많은 에너지가 필요하다.	식물은 항상 호흡을 한다.
식물은 햇빛이 있을 때 광합성을 한다.	호흡과정에서 양분이 분해되면 이산화탄소가 발생한다.
식물의 씨에 해당하는 콩은 싹이 터서 어린 식물로 자란다.	식물세포 부피의 80% 이상을 물이 차지한다.

활동 A-8 논변활동 활동지의 예 8: '눈의 구조와 기능'

사람의 눈 vs 오징어의 눈

2학년 반 번 모둠
이름 :

○ 아래 표는 사람의 눈과 오징어의 눈에 관한 과학적 사실들(데이터)이다.

	사람의 눈	오징어의 눈
색 구분	사람의 망막에는 색깔을 구분하는 시각세포가 약 700만 개 정도 존재한다.	오징어의 망막에는 색깔을 구분할 수 있는 시각세포가 없다.
시각신경의 분포	사람의 눈은 망막 앞에 시각신경이 분포한다.	오징어의 눈은 망막 뒤에 시각신경이 분포한다.
맹점의 유무	사람의 망막에는 맹점이 있다.	오징어의 망막에는 맹점이 없다.

○ 바트는 위 데이터를 바탕으로 아래와 같이 생각하였다.

바트의 주장	"난 오징어 눈이 더 발달했다고 생각해. 왜냐하면 맹점이 없어서 어느 각도에서든지 사물을 볼 수 있잖아."
주장을 뒷받침할 수 있는 근거 찾기	바트의 주장을 지지하는 근거를 데이터 카드에서 골라 붙여보자.
	바트의 주장을 지지하지 않는 근거를 데이터 카드에서 골라 붙여보자.

주장 정하기	저는 바트의 주장에 (찬성, 반대) 합니다. 왜냐하면...
모둠 의견 구성하기	모둠원들과 소집단 토의를 통해 의견을 종합해보자.

활동 A-9 논변활동 활동지의 예 9: '피부 감각과 신경계의 구조'

어디에 두었을 때 가장 빨리 느낄까?

2학년 반 번 모둠

이름 :

수지는 우리 몸에서 진동을 가장 빨리 느낄 수 있는 부위가 어디인지 궁금해졌다. 삼촌에게 여쭤보니 다음과 같이 휴대폰을 이용하여 확인해 볼 수 있는 재미난 실험을 소개해주셨다. 삼촌의 이야기를 듣고 난 수지는 다음 날 학교에서 친구들과 함께 실험을 해 보기로 결심했다.

실험 방법

모둠원 중 3명을 정하여 각각 다음의 역할을 수행한다.

1. 첫 번째 사람은 휴대폰으로 전화를 건다.
2. 두 번째 사람은 휴대폰을 몸의 정수리 위, 손등 위, 척추 위에 각각 올려놓고 진동을 느끼는 경우 손을 든다. (단, 귀를 막아 진동 소리가 아닌 진동이 오는 감각을 느낄 때 손을 들어야 한다.)

A. 정수리 위 B. 손등 위 C. 척추 위

3. 세 번째 사람은 휴대폰이나 초시계로 전화를 건 순간부터 진동을 느낀 사람이 손을 들기까지 시간을 잰다.

실험 결과 예상하기

■ 위와 같이 실험을 한다면, 누가 가장 빨리 느낄까? 자신이 예상하는 바를 아래 적어보고, 그렇게 생각한 이유를 도움카드에서 찾아 써보자.

① A. 정수리 위에 휴대폰을 둔 사람이 진동을 가장 빨리 느낄 것이다.
② B. 손등 위에 휴대폰을 둔 사람이 진동을 가장 빨리 느낄 것이다.
③ C. 척추 위에 휴대폰을 둔 사람이 진동을 가장 빨리 느낄 것이다.
▶나의 예상: ( ) → ( ) → ( )

■ 그렇게 생각한 이유:

관찰하기	친구들과 함께 실제 실험을 해 보고, 진동을 가장 빨리 느낀 부위부터 순서대로 써보자. ■ 결과: (　　　　) → (　　　　) → (　　　　) ■ 실험 전에 예상한 결과와 일치하는가?
타당한 과학적 설명 구성하기	위 실험 결과를 바탕으로 우리 몸에서 진동을 느끼는 정도가 다른 이유를 도움자료를 참고하여 설명해보자.

도움 카드

모든 감각뉴런과 운동뉴런은 뇌와 척수에 연결되어있다.	감각뉴런은 감각기관으로 받은 정보를 연합뉴런에 전달한다.
연합뉴런은 감각뉴런과 운동뉴런을 연결하며, 감각뉴런으로부터 받은 정보를 분석해 적절한 명령을 내린 후 운동뉴런으로 보낸다.	운동뉴런은 연합뉴런이 내린 명령을 반응기관(운동기관)으로 전달한다.
피부의 감각점에서 받아들인 자극은 감각점에 연결되어 있는 감각신경을 통해 뇌로 전달된다.	2cm 간격을 둔 컴퍼스로 손등을 찌르면, 두 점으로 느껴지는 반면, 등 가운데를 찌르면 한 점으로 느껴진다.
뉴런은 뇌에 집중적으로 분포해 있다.	우리 몸에 분포하는 감각점의 수는 부위별로 각각 다르다. 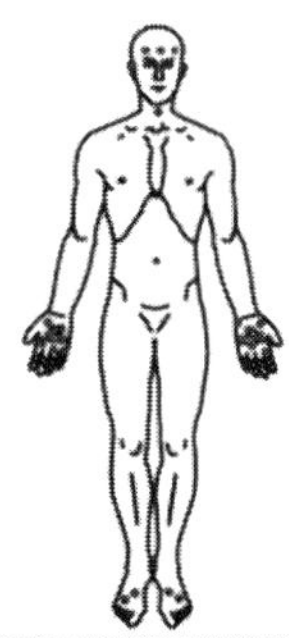

활동 A-10 논변활동 활동지의 예 10: '귀의 구조와 기능'

멀미를 이기려면?

2학년 반 번 모둠
이름 :

용팔이와 여진이는 여름방학 때 가족들과 물놀이를 다녀온 이야기를 나누던 중, 멀미로 고생한 경험을 떠올리게 되었다. 과학 수업 시간에 <눈의 자극과 귀의 자극이 일치하지 않을 때 멀미가 심해진다>고 배운 내용이 떠오른 용팔이는 멀미를 예방할 수 있는 방법에 대해 아래와 같이 생각하였다.

용팔이의 주장	"차에서 텔레비전을 보면 멀미를 예방하는 데에 도움이 될 수 있어. 왜냐하면 시각 자극과 청각 자극을 일치시킬 수 있기 때문이야."
멀미를 예방할 수 있는 일반적인 방법들	▪ 눈을 감아 시각 자극을 차단시킨다. ▪ 안대를 착용한다. ▪ 귀 밑에 멀미약을 붙여서 귀의 감각 신경을 마비시킨다. ▪ 차를 잠시 세운다. ▪ 창밖의 풍경을 보면서 이동한다.
증거를 바탕으로 추론하기	용팔이의 주장이 타당하다고 생각하는가? 그렇게 생각한 이유를 자유롭게 적어보자. ▪ 자신의 의견 : ▪ 이유:
(모둠 활동 후) 타당한 과학적 설명 구성하기	자신의 주장을 바탕으로 모둠원들과 토론 후에, 용팔이의 주장에 대한 자신의 입장을 과학적으로 설명해 보자. ▪ 자신의 의견 : ▪ 이유:

활동 A-11 논변활동 활동지의 예 11: '귀의 구조와 기능'

고막이 찢어지면?

2학년 반 번 모둠
이름 :

수영장에 갔다 온 보검이는 귀에 물이 들어간 느낌을 받았다. 그래서 면봉으로 귀를 닦던 도중 고막이 찢어졌다. 보검이가 다음 날 학교에 오지 못하자, 이 소식을 들은 유정이는 보검이가 소리를 들을 수 있을지 궁금해졌다. 유정이는 보검이가 소리를 들을 수 없을 것이라며 다음과 같이 말하였다.

유정이의 주장	"보검이는 소리를 듣지 못할 거야. 왜냐하면 고막이 찢어지면 소리를 전달할 수 없거든."
근거를 들어 주장하기	저는 유정이의 주장에 (찬성, 반대) 합니다. 왜냐하면...
(모둠 활동 후) 모둠 의견 구성하기	한 사람씩 돌아가며 자신의 의견을 말하고, 친구들과 토의를 통해 의견을 종합하여 써보자. ☞ 만약 의견이 다르다면 토의를 통해 **가장 타당하고 설득력 있는 의견**을 고른다.

활동 RT-1 논변활동에서 활성화될 수 있는 개념적 자원 예상하기

➜ 다음 논변활동에서 어떠한 개념적 자원이 활성화될 수 있을지 예상해봅시다.

- 대상 학년: 중학교 2학년
- 단원명: 자극과 반응
- 주제: 사람 눈과 오징어 눈의 비교
- 활동 진행 과정: 이 활동은 눈의 구조와 시각 경로에 관한 이론 수업 뒤에 이루어졌다. 표 4.1과 같은 사람 눈 모형과 오징어 눈 모형을 하나씩 각 소집단에 제공하고, 두 눈 모형의 구조적 차이점을 탐색하였다. 그 다음 이를 바탕으로 '오징어 눈이 사람 눈보다 더 발달했다'는 주장에 대한 소집단의 의견을 구성하는 논변활동을 진행하였는데, 학생들이 논변을 구성할 때 활용할 수 있도록 표 4.2와 같은 내용의 근거 카드가 제시되었다.

표 4.1 수업에서 활용된 사람과 오징어 눈 모형

	사람 눈	오징어 눈
바깥쪽		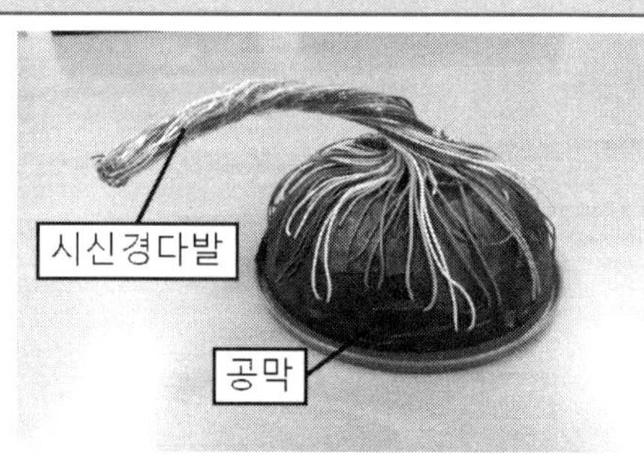
안쪽		

표 4.2 학생들에게 제시된 근거 카드 내용

	사람의 눈	오징어의 눈
색 구분	사람의 망막에는 색깔을 구분하는 시각세포가 약 700만 개 정도 존재한다.	오징어의 망막에는 색깔을 구분할 수 있는 시각세포가 없다.
맹점의 유무	사람의 망막에는 맹점이 있다.	오징어의 망막에는 맹점이 없다.
시각신경의 분포	사람의 눈은 망막 앞에 시각신경이 분포한다.	오징어의 눈은 망막 뒤에 시각신경이 분포한다.

질문 1. 학생들은 표 4.1과 4-2에 제시된 자료나 자신의 지식과 경험을 활용하여 어떤 논변을 구성할 수 있을까요? 학생들이 어떤 주장을 제시하고 그 주장을 뒷받침하고자 어떤 추론을 고안할 수 있을지 예상해봅시다.

활동 RT-2 학생들의 개념적 자원 이끌어내기

➜ [활동 4-1]에서는 학생들이 이 논변활동에서 어떠한 개념적 자원을 활성화시킬 수 있는지 예상해보았습니다. 예상한대로 학생들의 개념적 자원이 활성화되지는 않겠지만, 교사가 이러한 예상을 해보게 되면 논변활동 개입 시에 학생들의 개념 자원 활성화를 이끌어내는데 도움이 될 수 있을 것입니다. 이제는 교사가 논의에 개입해서 학생들의 개념적 자원을 어떻게 활성화시킬 수 있을지 생각해봅시다.

➜ 다음은 소집단 논의가 이루어질 때 순회 지도를 하던 교사가 한 소집단의 논의에 개입하면서 이루어진 담화입니다.

표 4.3 교사가 학생들의 사고를 이끌어내는 과정에 이루어진 담화

화자	발화
학생B	쌤. 쌤. 색깔을 구분할 수 있는 시각세포가 없으면 색깔을 [구분하지] 못 하는 거예요?
교사	**그렇지 않을까요? 너는 그게 중요하다고 생각하는 거지?**
학생B	아니요~
교사	아니, 색깔을 구분할 수 있는 시각세포가..
학생B	네, 중요해요.
교사	그럼 그렇게 써. 그런 게 중요하기 **때문에..**
학생A	(다른 조 학생에게) 야, 그러면 상어가 파란색으로 보이면 (…) [오징어]가 먹히지. 인정? 먹물도 있어. 먹물도 파란색이야. 촉수의 느낌?
학생B	쌤쌤쌤, 오징어 눈에요. 맹점이 없잖.. 아니 망막에 맹점이 없잖아요. 그러면요. 뒤에도 볼 수 있어요?

질문 1. 교사는 학생B의 질문(표 4.3에서 굵은 글씨체로 표시된 부분)에 어떻게 질문하여 학생들의 사고를 더 이끌어냈나요?

활동 RT-3 학생들의 개념적 자원에 반응하기

➜ 활동 [4-2]에 제시된 표 4.3을 보면 학생 B의 질문으로 끝나고 있습니다. 이러한 질문에서 시작된 담화에서 교사가 어떻게 반응을 하는 것이 좋을지 두 교사의 사례를 비교하면서 생각해봅시다.

질문 1. 여러분이 이 학급의 교사라면, 표 4.3의 마지막에 제시된 학생B의 질문을 어떻게 해석하겠습니까? 그리고 학생들의 논변활동을 지원하기 위해 그 질문에 어떤 반응을 하겠습니까? 이때 교사의 지원이 학생들의 논의를 어떻게 변화시킬지 생각해봅시다.

➜ 표 4.4, 4-5는 두 교사(교사1과 교사2)가 학생B와 같은 질문을 받았을 때 반응한 사례입니다. 두 사례를 비교하여 교사의 관점에 따른 교수 실행의 차이를 알아봅시다.

표 4.4 교사1의 반응적 교수 실행

화자	발화
학생B	쌤쌤쌤, 오징어 눈에요. 맹점이 없잖, 아니 망막에 맹점이 없잖아요. 그러면요. 뒤에도 볼 수 있어요?
교사	뒤에도 볼 수 있으려면 뒤쪽에 뭐가 있어야 돼?
학생A,D	눈~
학생B	맹점?
학생A	시각세포.
교사	시각세포. 뒤쪽에도?
학생B	그런 각도에서 볼 수 있는 것 아니지 않아?
교사	일단 빛이 들어와야 될 것 아냐, 뒤쪽에도.
학생B	아니지 않아요? 그러면
학생A	아~
학생B	그지? 똑같지? 근데 얘는 색깔이 없으니까 우리가 이긴 거야.
교사	그치 않아. 우리가 '본다'라는 거는 있잖아 (…)
학생D	근데 오징어가 어느 각도에서도 볼 수 있잖아.
학생B	오징어 눈을 인식해보던지, 그러면은.
학생A	뭔 소리야? 내가 무슨 오징어 눈을 왜 인식해. 너 오징어 눈 하면 완전 빛난다. 에메랄드[같이].
학생D	오징어 눈 맛있어
학생A	반대한다. 상현아~ 오징어 눈은 뒤에를 못 봐.
다른 조	오징어가 어떻게 알아~
학생A	(다른 조 학생에게) 뒤에도 시각 신경이 있어야 해.
학생B	(…) 사람 눈이 더 훌륭한 거..
학생A	(다른 조 학생에게) 애초에 빛이 있어야 해, 빛이. 그런데 뒤에 빛이 못 들어가지.

표 4.5 교사2의 반응적 교수 실행

화자	발화
학생C	그럼 어느 각도에서 볼 수 있다는 게 (···) 눈이 여기인데 뒤의 것도 볼 수 있다는 거야?
학생D	눈이 튀어나오면 볼 수 있지 않아? 눈이 이렇게 나와 있는데.
학생B	얼마만큼 나와? 눈이 이만큼 나와?
학생C	이렇게 나잖아(양손으로 더듬이 모양을 한다)
학생A	선생님 눈 몇 센티까지 나와요?
교사	(함께 웃는다) 몰라.
학생A	오징어 초점 맞출 때 자기(오징어의) 눈 (앞으로 튀어)나오잖아요.
교사	맞아 근데 이렇게까지 나오지는 않아
학생E	그럼 달팽이만큼 나와요?
교사	음, 글쎄 그 정도까지는 아니고.
학생A	오징어 눈이 이렇게 앞에 달려 있잖아요. 근데 그럼 어느 각도에서도 볼 수 있다는 게 뒤에 이렇게 있는 것도 볼 수 있다는 뜻이에요?
학생E	눈이 이만큼(팔을 앞으로 뻗는 동작을 하며) 나온다는 건가...
교사	아니지.
학생A	그럼 여기 있는 거 그냥 다요?(앞을 가리키며)
교사	그렇지. 시야가 더 많이 (···) (다른 조로 이동)
학생D	사람도 똑같지 않아? 그러면?
학생B	똑같긴 한데 사람이 볼 수 없는
학생D	사람도 여기까지는 볼 수 있어(옆으로 손짓하며)
학생E	근데 미간이 넓으면 눈 잘 보이지 않아? 여기가?
학생D	그렇긴 하지. 근데 사람은 어느 각도에서 안 보이는 물건이 있긴 하잖아
학생E	나는 둘리가 안 보였어.
학생A	근데 오징어는 그게 다 보인다는 거지. 각자 근거 쓰자.

질문 2. 교사1과 교사2는 학생의 질문을 어떻게 해석하고 어떻게 반응하였나요?

질문 3. 두 교사의 지원 후 학생들의 논의는 어떻게 이루어졌는지 비교해봅시다.

활동 RT-4 반박을 통한 인식론적 측면에서의 반응적 교수

➜ 다음 사례를 바탕으로 반박을 통해 학생들의 논변활동을 인식론적 측면에서 지원하는 반응적 교수 실행을 이해해봅시다. 아래에 제시된 논변활동의 개요와 소집단 학생들의 담화 예시를 보고, 질문에 대해 생각해봅시다.

- 대상 학년: 중학교 2학년
- 단원명: 자극과 반응
- 주제: 뉴런의 기능 및 신경계의 구성
- 활동 진행 과정: 이 활동은 먼저 정수리, 척추, 손등 위에 핸드폰을 올려놓고, 어느 부위에서 진동을 가장 먼저 느낄 지를 예상하면서 시작된다. 그리고 학생들은 각 부위에서 진동을 감지하기까지 걸리는 시간을 측정하고, 그 결과를 바탕으로 진동 감지가 빠른 부위의 순서를 파악하였다. 그리고 자신의 주장을 측정 결과와 맞추어보고, 주장을 정당화하는 논변활동을 진행했다. 이 사례에서 교사는 순회 지도를 통해 각 소집단의 논의를 파악하고 지원하였는데, 표 4.6은 그 중 한 소집단에 교사 개입이 이루어진 후에 나타난 담화를 보여준다.

표 4.6 소집단1에서 교사 개입 시 이루어진 담화1

화자	발화
교사	너희는 뭐가 제일 빨리 느껴졌어?
학생C	손등이요
교사	손등, 그 다음은?
학생C	척추
교사	척추, 그 다음은?
학생B	머리
학생C	네, 정수리.
교사	머리가 제일 늦게 (…) 그럼 그 세 부위가 어떤 차이가 있을까, 그걸 한 번 생각해보자. 세 부위는 도대체 무슨 차이가 있길래. (자신의 정수리를 만지며) 여기는 느껴졌어?
학생B	아니요
교사	안 느껴지지. 왜 안 느껴져?
학생C	숱이 많아서.
학생A	(웃음)
교사	뭐라고?
학생C	(학생B를 가리키며) 아니, 얘가 아까 그랬잖아.
교사	뭐라고?
학생A	머리숱이 많아서.

질문 1. 위 담화에서 어떠한 인식론적 자원의 활성화가 드러나나요? 3-2. 학습에 대한 인식론적 관점에서 살펴본 인식론적 자원의 범주(Hammer & Elby, 2002)를 활용하여 생각해봅시다.

질문 2. 학생들이 자신의 지식과 경험을 바탕으로 논변 구성에 참여할 수 있도록 지원하기 위해 교사는 어떻게 반응할 수 있을까요?

활동 RT-5 추가 자료 제시를 통한 인식론적 측면에서의 반응적 교수

➜ 이번에는 추가 자료 제시를 통해 학생들의 논변활동을 인식론적 측면에서 지원하는 반응적 교수 실행을 이해해봅시다. 아래는 [활동 4-4]와 동일한 수업의 다른 소집단에서 이루어진 담화입니다.

표 4.8 소집단2에서 교사 개입 시 이루어진 담화1

화자	발화
교사	너(학생F) 뭐라고 설명했어? 한 번 이야기해봐.
(…)	
학생G	E가 제일 타당하게 든 것, 들 것 같은데요.
교사	E가 제일 타당하게 된 것 같아? E 의견 이야기해봐, 그럼.
학생E	모든 신경은 뇌와 척수에 연결되어 있는데, 척추 위에는 척추와 척추가, 아니 척수가 붙어있어 내려가기가 편한데, 손등 위는 손등에서 척수로 간 후 내려가야 돼서 좀 더 오래 걸리고 (…)
교사	아, 니네는[너희는] 뭐를 제일 빨리 느꼈는데, 혹시? 실험 결과가?
학생E	저희요? 척수.
학생G	척추, 척수.
교사	(자신의 머리 위에 손을 올리며) 정수리 위를 제일 빨리 느꼈어?
학생E	아니요, 척수.
학생G	척추, 척수.
교사	아, 척수. 그 다음에?
학생E	그 다음에 손등.
학생G	그 다음은 손등.
교사	손등.
학생G	그 다음에 허리, 그 척수.
학생E	그 다음에 머리. 대가리.
학생G	아, 그 다음에 머리.
교사	그러면 니[학생E]가 한 설명에 따르면, 뇌가 더 가깝지 않아, 정수리 위가?
학생E	(고개를 가로저으며) 아아아아
학생G	그러면은 뼈에, 갖, 그,
학생E	마지막은
학생G	뼈에 이렇게 눌려 있잖아요.

질문 1. 위 담화에서 어떠한 인식론적 자원의 활성화가 드러나나요? 3-2. 학습에 대한 인식론적 관점에서 살펴본 인식론적 자원의 범주(Hammer & Elby, 2002)를 활용하여 생각해봅시다.

질문 2. 학생들이 자신의 지식과 경험을 바탕으로 논번 구성에 참여할 수 있도록 지원하기 위해 교사는 어떻게 반응할 수 있을까요?

활동 RT-6 학생들의 추론이 명료히 드러나도록 지원하기

→ [활동 4-6, 4-7]에서는 반응적 교수 실행의 다양성을 살펴봅시다. 이번 활동에서는 먼저 다음과 같은 논변활동에서 어떻게 반응적 교수 실행을 적용하여 학생들의 논의를 지원할 수 있을지 생각해봅시다.

- 대상 학년: 중학교 2학년
- 단원명: 자극과 반응
- 주제: 귀의 구조 및 기능
- 논변활동 명: 멀미를 이기려면?
- 활동 진행 과정: 이 활동은 '텔레비전을 보면서 차를 타면 멀미를 예방하는 데 도움이 될 수 있어. 왜냐하면 시각 자극과 청각 자극을 일치시킬 수 있기 때문이야.'라는 논변을 평가하고 소집단 논의를 통해 소집단에서 가장 타당하고 설득력 있는 의견을 고르는 활동이다. 그림 4.5는 이 수업에 사용된 활동지의 일부를 보여준다. 학생들은 소집단 논의에서 시각과 청각의 성립 경로와 같은 지식과 자신의 경험을 바탕으로 추론하였고, 소집단 논의 후에 교사 주도하에 각 소집단의 의견을 비교하고 평가하는 전체 논의가 이루어졌다.

용팔이와 여진이는 여름방학 때 가족들과 물놀이를 다녀온 이야기를 나누던 중, 멀미로 고생한 경험을 떠올리게 되었다. 과학 수업 시간에 **<눈의 자극과 귀의 자극이 일치하지 않을 때 멀미가 심해진다>**고 배운 내용이 떠오른 용팔이는 멀미를 예방할 수 있는 방법에 대해 아래와 같이 생각하였다.

용팔이: "텔레비전을 보면서 차를 타면 멀미를 예방하는 데 도움이 될 수 있어. 왜냐하면 시각 자극과 청각 자극을 일치시킬 수 있기 때문이야."

멀미를 예방할 수 있는 일반적인 방법들

- 눈을 감아 시각 자극을 차단시킨다.
- 안대를 착용한다.
- 귀 밑에 멀미약을 붙여서 귀의 감각 신경을 마비시킨다.
- 차를 잠시 세운다.
- 창 밖의 풍경을 보면서 이동한다.

증거를 바탕으로 추론하기	용팔이의 주장이 타당하다고 생각하는가? 그렇게 생각하게 된 이유를 자유롭게 적어보자. • 자신의 의견 : • 이유:

| 그림 4.5 | '멀미를 이기려면?' 활동지

표 4.11 '멀미를 이기려면?' 활동에서 학생들이 구성한 논변

주장	추론 예
용팔이의 주장은 타당하다.	· 시각으로도 보고 텔레비전 소리를 청각으로도 들어서, 차는 신경을 안 쓸 것 같기 때문에
용팔이의 주장은 타당하지 않다.	· 시각은 텔레비전을 보고 귀에서는 차가 움직이는 걸 느끼기 때문에 시각 자극과 청각 자극이 일치하지 않으므로 멀미는 더 심해진다. · 눈은 방송에 집중하고 있고, 귀로는 방송이 소리 감각에 영향을 줘서 대뇌에 무리가 가기 때문에 · 이동할 때는 눈의 자극과 귀의 자극이 일치하지 않는다. 왜냐하면 귀의 소리도 듣고 차도 흔들리기 때문에 전정기관과 반고리관에서 음파가 섞여 혼란이 와서 제 기능을 하지 못하기 때문이다. · 시각 자극을 차단해야 혼란스럽지 않아서 멀미가 나지 않을 것이다. · 차의 진동과 텔레비전의 소리가 겹쳐서 혼란스럽기 때문에

질문 1. 표 4.11은 전체 논의에서 교사가 각 소집단별로 구성된 논변을 발표하라고 했을 때 각 소집단에서 발표한 논변의 주장과 추론입니다. 이를 바탕으로 어떻게 반응적 교수법을 적용한 전체 논의를 진행할 수 있을까요?

➜ 다음은 위 활동에서 진행된 전체 논의의 일부입니다. 교사3의 반응적 교수 실행을 살펴봅시다.

표 4.12 교사3의 수업에서 이루어진 학급 전체 논의

화자	발화
학생2B	그 전정기관이요. 이렇게(오른손가락을 왼쪽으로 움직이며) 가면은, 가면요. 이렇게(손가락을 오른쪽으로 움직이며) 기울어지잖아요.
교사	네.
학생2B	근데, 그, 창밖의 나무를 보면 나무는 이쪽으로 (손가락을 오른쪽으로 움직이며) 가잖아요. 방향이 같아서, 오히려 그게 더 멀미를 안 할 것 같은데.
학생2D	응?
(…)	
교사	잠깐만, 지금, 지금 얘기한 게, 창밖을 멀리 보는 것에 대해서 설명한 거죠?
학생2D	전정기관이 기울어지는 거랑 창밖을 보는 거랑 방향이 같아서 멀미를 안 하는데, 텔레비전을 보면 방향이 달라져서 멀미를 더 하게 된다고요.
교사	방향이 다르다? 텔레비전 보는 건 왜 방향이 다르다고 생각한 거야?
학생2B	어, 사람들이 이렇게도 움직이고(왼쪽으로 손을 움직이며) 저렇게도(오른쪽으로 손을 움직이며) 움직이잖아요.
교사	아, 이렇게도 움직이고 저렇게도 움직이는 것은 나랑[나의 멀미와] 무슨 상관이 있지?
학생들	(웃음)
교사	아냐, 아냐, 애들아. 선생님이 막 뭘 하려는 게 아니라 생각을 정확히 듣고 싶어서 그런 거예요. 어.
학생2B	어, 그니까, 전정기관 그 방향하고 보는 것하고 방향이 같으면 멀미를, 어.
교사	(학생2B의 말에 이어서) [멀미를] 안 한다.
학생2B	(…) 네. 맞아요.
교사	어, 근데 텔레비전을 보는 거는 방향이 달라질 것 같다?
학생2B	네. 상관이 없어가지고.
교사	음, 그렇게 본 거 (…) 그 다음에 이쪽 조 할 차례지? 그 다음에, 여기 손들었잖아? 여기가 타당하다고 했기 때문에, 여기 것을 좀 잘 들어보자.

질문 2. 교사3은 전체 논의에서 무엇을 목표로 하고 있으며, 그러한 관점에 따라 어떻게 반응적 교수 실행을 하였나요?

질문 3. 교사3의 반응적 교수 실행에서는 논변활동의 어떠한 측면이 강조되고 있나요?

활동 RT-7 학생들이 서로 반박을 주고받도록 지원하기

→ [활동 4-6]에 이어 반응적 교수 실행의 다양성을 살펴봅시다. 이번 활동에서는 먼저 다음과 같은 논변활동에서 어떻게 반응적 교수 실행을 적용하여 학생들의 논의를 지원할 수 있을지 생각해봅시다.

- 대상 학년: 중학교 2학년
- 단원명: 자극과 반응
- 주제: 귀의 구조 및 기능
- 논변활동 명: 고막이 찢어지면?
- 활동 진행 과정: 이 활동은 '고막이 찢어지면 소리가 전달되지 않기 때문에 소리를 들을 수 없다.'라는 논변을 평가하고 소집단 논의를 통해 소집단에서 가장 타당하고 설득력 있는 의견을 고르는 활동이다. 그림 4.7는 이 수업에 사용된 활동지의 일부를 보여준다. 학생들은 소집단 논의에서 청각의 성립 경로, 찢어진 고막의 상태 등을 바탕으로 추론하였고, 소집단 논의 후에 교사 주도하의 각 소집단의 의견을 비교하고 평가하는 전체 논의가 이루어졌다.

수영장에 갔다 온 보검이는 귀에 물이 들어간 느낌을 받았다. 그래서 면봉으로 귀를 닦던 도중 고막이 찢어졌다. 보검이가 다음 날 학교에 오지 못하자, 이 소식을 들은 유정이는 보검이가 소리를 들을 수 있을지 궁금해졌다. 유정이는 보검이가 소리를 들을 수 없을 것이라며 다음과 같이 말하였다.

유정이: "보검이는 소리를 듣지 못할 거야. 왜냐하면 고막이 찢어지면 소리를 전달할 수 없거든."

근거를 들어 주장하기	저는 유정이의 주장에 (찬성, 반대) 합니다. 왜냐하면 ______

ㅣ그림 4.7ㅣ '고막이 찢어지면' 활동지

표 4.13 '고막이 찢어지면' 활동에서 학생들이 구성한 논변

주장	추론 예
유정이의 주장에 찬성한다.	· 소리의 본질은 진동이다. 외이도는 진동을 전달 못하고 통로일 뿐이고 달팽이관에 직접 전달하지 못한다. 고막이 직접적으로 달팽이관과 이어지기 때문에 고막이 있어야 소리를 들을 수 있다. · 고막이 소리를 전달하는 통로인데 그 통로가 막혔으니 소리를 못 들을 것이다. · 고막이 소리에 의해 진동하기 때문이다. 고막으로 들어오는 진동을 귓속뼈를 이용해 달팽이관으로 보내고 그 청각세포에 흥분하지 않고 청각 신경이 전달을 못하니까 · 모든 소리는 고막이 진동을 느껴야 하기 때문에
유정이의 주장에 반대한다.	· 고막은 소리에 의해 진동을 하는데 진동의 형태로 전달되는 기관이 고막을 빼도 무려 3개(외이도, 달팽이관, 귓속뼈)가 있기 때문에 · 고막은 소리를 전달하는 기관이다. 고막은 소리에 의해 진동하는데, 고막이 찢어져도 약간 진동할 수 있기 때문에 · 찢어져도 외이도로 들어오는 소리로 인해 고막은 어찌됐든 진동을 할 것이다. 진동이 약해질진 모르지만 어쨌든 진동으로 인해 소리가 들릴 것이다.

질문 1. 표 4.13은 학생들이 활동지에 기록한 논변의 주장과 추론입니다. 선생님이 소집단 논의 동안 순회 지도를 통해 이를 파악하였다면, 이를 바탕으로 어떻게 반응적 교수법을 적용한 전체 논의를 진행할 수 있을까요?

➜ 다음은 위 활동에서 진행된 전체 논의의 일부입니다. 교사4의 반응적 교수 실행을 살펴봅시다.

표 4.14 교사4의 수업에서 이루어진 학급 전체 논의

화자	발화
교사	(각 소집단에서 구성한 논변을 칠판에 기록한 뒤) 자, 1B 얘기 먼저 (…) 왜 들린다, 라고 생각했는지 한 번 얘기해보자.
학생1B	외이도로 들어오는 소리로 인해 고막은 어찌됐든 진동을 할 뿐이기 때문에, 진동이 약해질지 모르겠지만, 어쨌든 진동으로 인해 소리가 들릴 것입니다.
교사	들었니, 6D야? (…) [학생 1B가] 뭐랬어?
학생1B	뭐랬냐면은요, 안 들린대요.
교사	뭐래. 들린다고. (…) 자, [1B가] 왜 들린다, 라고 했냐면, 찢어져도 어쨌든 진동이 들어오고, 그 진동이 약해질지는 모르겠지만, 어쨌든 진동을 하기는 하기 때문에 들릴 것이다, 라고 얘기를 했습니다. 자, 그럼 안 들린다 팀. 반박해보세요, 반박. (…) 안 들린다 팀. 반박 못 하니? 4B 반박해봐.
학생4B	귓속뼈가 고막의 진동을 내이의 달팽이관으로 전달하는데, 고막에 진동이 없으면 내이의 달팽이관으로 전달하는 게 없기 때문에 안 들린 (…)
교사	지금 4B가 뭐랬냐면, 고막이 찢어지면 진동을 할 수가 없기 때문에 전달이 안 될 꺼다, 라고 얘기를 했는데, 사실 그거는 1B에 대한 반박은 아니죠. 1B는 찢어져도 진동할 거라는데?
(…)	
학생7B	고막하고 달팽이관을 이어주는 게 귓속뼈인데, (…) 고막이 찢어져도[지면] (…) 통로가 늘어나게 된다는데, 외이도가. 그러면은 귓속뼈가 나중에 제 2의 고막 역할을 하게 돼요.
교사	들었니? 자, 얘들아. 고막이 찢어져도 진동이 들어오면, 고막 대신 귓속뼈가 고막의 역할을 해서, 진동을 해서 전달이 될 것이다. 반박할 수 있는 사람?
학생3A	(손을 든다)
교사	어, 3A 얘기해봐.
학생3A	근데 고막이라는 게 소리를 진동으로 바꿔주는 기관인데, 귓속뼈는 그 기능을 하지 못하잖아요.
교사	자, 얘들아. 3A가 지금 뭐라 했냐면, 고막이 소리를 진동으로 바꿔준대요. 자, 이거에 대해서 반박할 수 있는 사람?
학생7C	(손을 든다)
교사	어, 7C야, 얘기해봐.
학생7C	그니까 제가 보기에는 그 안에 있는 관들이 전부 필요 없을 거 같은데? (…) 청각 신경만 있지, 나머지는 필요 없을 것 같아요. (…) 이유가, 그, 소리가 진동이랑 같은 거잖아요. 그니까 딱 들어오면, 그, 그냥 바로, 바로 뇌로 들어와서

질문 2. 교사4는 전체 논의에서 무엇을 목표로 하고 있으며, 그러한 관점에 따라 어떻게 반응적 교수 실행을 하였나요? [활동 4-6]에서 살펴본 교사3의 실행과 비교해봅시다.

질문 3. 교사4의 반응적 교수 실행에서는 논변활동의 어떠한 측면이 강조되고 있나요? [활동 4-6]에서 살펴본 교사3의 실행과 비교해봅시다.

과학 논변활동을 위한 반응적 교수

초판 인쇄 | 2019년 08월 05일
초판 발행 | 2019년 08월 10일

지은이 | 김희백 · 하희수 · 이영미 · 이신영
펴낸이 | 조승식
펴낸곳 | (주)도서출판 북스힐

등 록 | 1998년 7월 28일 제22-457호
주 소 | 서울시 강북구 한천로 153길 17
전 화 | (02) 994-0071
팩 스 | (02) 994-0073

홈페이지 | www.bookshill.com
이메일 | bookshill@bookshill.com

정가 12,000원

ISBN 979-11-5971-225-8

Published by bookshill, Inc. Printed in Korea.